中国式

孝道

雷子 ◎ 编著

孝为百善之首
孝道是中国人的文化信仰

漫画
彩绘本

天津出版传媒集团

天津人民美术出版社

图书在版编目（CIP）数据

中国式孝道 / 雷子编著. -- 天津 ： 天津人民美术
出版社，2024.2
ISBN 978-7-5729-1472-0

Ⅰ．①中… Ⅱ．①雷… Ⅲ．①孝－传统文化－中国－
少儿读物 Ⅳ．①B823.1-49

中国国家版本馆CIP数据核字(2024)第021375号

中国式孝道
ZHONGGUO SHI XIAODAO

出 版 人：杨惠东

责任编辑：刁子勇

助理编辑：孙　悦

技术编辑：何国起　姚德旺

出版发行：天津人民美术出版社

社　　址：天津市和平区马场道150号

邮　　编：300050

电　　话：(022)58352900

网　　址：http://www.tjrm.cn

经　　销：全国新华书店

印　　刷：大厂回族自治县德诚印务有限公司

开　　本：880毫米×1230毫米　1/32

版　　次：2024年2月第1版　第1次印刷

印　　张：7

定　　价：68.00元

中国式孝道

孝感动天

仇英 绘

上古帝王舜出身寒微，年轻时他的父亲、继母和同父异母弟弟象多次想害死他，但舜仍然孝敬父母，迁就和关心弟弟。他的孝行感动了天，大象和小鸟都帮他耕种，最终帝尧把帝位禅让给了他。

戏彩娱亲

仇 英 绘

春秋时期，楚国的隐士老莱子为了让父母开心，七十多岁时尚不言老，仍然穿着五色彩衣，手持拨浪鼓戏耍，以博父母开心。一次他跌了一跤，怕父母伤心，就躺在地上装哭，逗得父母大笑。

鹿乳奉亲

仇 英 绘

周朝时郯子的父母年老时想吃鹿乳，郯子就身披鹿皮，装扮成鹿，想混到鹿群中取鹿乳。不料猎人把他当成了真鹿，要用弓箭射杀他。郯子只好脱下鹿皮，以实情相告，得知真相后，猎人对他的孝行大加赞扬。

百里负米

仇英 绘

春秋时期，鲁国人仲由，字子路，从小家境贫寒，自己常吃野菜，却从百里之外把米背回家侍奉双亲。后来他做了官，俸禄优厚，但是子路的父母已经过世，他经常感叹："现在我还想为父母亲背米，却永远不可能了。"

啮指痛心

仇 英 绘

春秋时期，鲁国人曾参少年时家贫，常入山打柴。一天，家里忽然有客人造访，母亲不知所措，就用牙咬自己的手指。曾参忽然觉得心疼，明白是母亲在家里召唤他，便赶快回家招待客人，以礼相待。

闻雷泣墓

仇英 绘

战国时期，魏国人王裒的母亲生前惧怕雷声，每当下雨打雷的时候，他便拉着母亲的手陪伴母亲。母亲去世后，王裒特意把她安葬在幽静的山林中，打雷时还跑到坟前跪拜，低声说道："儿子王裒在此，母亲您千万别怕。"

芦衣顺母

仇 英 绘

春秋时期，鲁国的闵损生母早亡，父亲娶了后妻，又生了两个儿子。继母经常虐待闵损，冬天，两个弟弟穿着用棉花做的冬衣，而他的棉衣里却是芦花。后来父亲发觉后要休掉妻子，闵损反而为继母求情。继母感动，从此对待闵损如亲子。

亲尝汤药

仇 英 绘

西汉时期的汉文帝身为一国之君，对母亲非常孝顺。一次他的母亲患了重病，卧床不起。汉文帝日夜守护，天天为母煎药，每次煎好后，他都要先亲自尝一尝，觉得药的温度合适才给母亲喝。

刻木事亲

仇英 绘

东汉时期，一个叫丁兰的人，他的父母逝世后，他用木头刻成双亲的像，每次吃饭时都先供养木像，然后自己才吃。他凡事皆与父母木像商议、禀告，仿佛父母在世一样。

怀橘遗亲

仇 英 绘

东汉末年，陆绩六岁随父亲陆康到九江谒见袁术，袁术拿出橘子招待。陆绩悄悄在怀里藏了两个橘子，临走时橘子滚落地上。袁术嘲笑他，陆绩则说："母亲喜欢吃橘子，我想送给母亲的。"袁术见他小小年纪就懂得孝顺母亲，十分赞赏。

拾葚异器

仇 英 绘

东汉时期的蔡顺年幼时丧父，生活贫困。一次他发现了一棵桑葚树，便每日采桑葚奉养母亲。一天遇到军士，问他为什么把红桑葚和黑桑葚分开装，他说黑桑葚甘甜，给母亲吃，红桑葚酸涩，他自己吃。军士便送给他牛腿和米，让他孝敬母亲。

扇枕温衾

仇英绘

　　东汉时期的黄香九岁丧母,他对父亲特别孝顺。酷夏时为父亲扇凉枕席,寒冬时则为父亲温暖被褥,得到世人的好评。

扼虎救父

仇　英绘

晋朝人杨香十四岁那年随父亲杨丰下地干活，路上突然蹿出一只大老虎，扑向杨丰，一口将他叼住。杨香手无寸铁，但一心想着救父，就冲上去和老虎厮打，用力卡住老虎的咽喉不放，老虎无法呼吸，瘫倒在地，他们才逃过一劫。

弃官寻母

仇 英 绘

宋代的朱寿昌自幼母子分离，他当官后知道了母亲刘氏的下落，就历尽千辛万苦去寻找母亲，后来终于母子团圆，当时刘氏已经七十多岁了。

涤亲溺器

仇　英 绘

北宋文学家黄庭坚，他自幼对母亲非常孝顺，每天都为母亲洗涤溺器，溺器就是当时的马桶。他身为朝廷高官，家里仆人很多，但他从不让他人代劳，而是坚持亲力而为，数十年如一日，从未间断。

行佣供母

仇英 绘

东汉人江革，少年丧父，与母亲相依为命。战乱中，江革背着母亲逃难，几次遇到盗匪，贼人欲杀他，江革哭诉年迈母亲无人奉养。盗贼被其孝心感动，没杀他。后来，江革做雇工供养母亲，自己贫穷赤脚，而母亲日常所需一样不缺。

哭竹生笋

仇英 绘

　　三国时孝子孟忠，少年丧父，母亲年老病重，医生嘱其用鲜竹做汤。适值严冬，没有鲜笋，孟宗无能为力，跑到竹林里，扶竹痛哭，他的哭声感动了天地，不一会儿，地上便长出数个嫩笋。孟宗大喜，采回做汤，母亲喝汤后病痊愈。

卖身葬父

仇英 绘

东汉时孝子董永，家境贫寒，幼年丧母，与其父相依为命。父亲去世后，董永卖身至一富家为奴，换取丧葬费用。上工途中，路遇一无家可归女子，董永娶其为妻。该女子一个月织锦三百匹，帮董永还债赎身。后此女以实情相告：她是奉天帝之命来帮助董永还债的。

中国式孝道

《孝经》上说："夫孝，德之本也，教之所由生也。"孝，是德行的根本，也是教化产生的根源，一切仁义善行都从这里生发。《孝经》不仅系统全面地阐释了孝道文化，也集中体现了孔子学问"下学而上达"的特点，即一切仁爱、修行都要落实在日常生活和工作中，体现在为人处世、待人接物的方方面面，是成圣成贤的根基。所以说，孝道培养是中国古代教育的核心内容，也是中国古代文化精神的主要代表。

那么，什么是孝呢？

孝 → 孝 → 孝 → 孝 → 孝

甲骨文　金　文　小　篆　隶　书　楷　书

"孝"字在甲骨文中就已经出现，上下结构，上为"老"字头，下为"子"，《说文解字》上说，子承老也。造字本义是搀扶，引申为善事父母者，善待老者。所谓善事父母及老者，就是保证父母及长辈吃得饱、穿得暖、心里乐，即物质丰富和精神安宁。

中国传统文化认为：当子女幼小时，父母应尽慈爱和护养之情；当父母年老时，子女要尽孝养和报答之恩。正所谓：您养我长大，我陪您到老。

因此很多人说，孝是子女对父母的报恩。其实，这是对孝道的狭义理解。

《孝经》上说："身体发肤，受之父母，不敢毁伤。"这是孝道的开始。以德立身，行使道义，使美好的名声传扬于后世，光耀父母及家族，这是实行孝道的最终目标。"夫孝，始于事亲，中于事君，终于立身。"又说天子之孝，不仅竭力侍奉自己的父母，还将这种孝道推广到天下，让四海百姓能起而效法。又说诸侯之孝，居高位而不骄傲自大，财富充足而不奢侈浪费，谨守法度，节约费用，关爱他人，与百姓和睦相处。又说士大夫之孝，推崇圣贤的言行，不合礼法的话不说，不合礼法的事不做，忠于职守，恭敬待人。又说平民之孝，谨慎做事，保重身体，节用财物，服侍父母。无论是普通人还是贵为天子，行孝之心无始无终，没有止境。

　　《礼记·祭义》上说，日常言行不恭敬，不孝；为人谋事不忠诚，不孝；做官治民不谨慎，不孝；朋友交往不诚实，不孝；临军战斗不勇敢，不孝。以上五种情况做不好，灾祸连累亲人，怎敢不敬慎呢？这才是中国"孝道"文化的核心，孝道是修身、处世、交友、谋职、为官的基石。

因此，中国孝道文化不仅仅是子女对父母慈爱之情的回报，也是将这爱父母之"心"推及兄弟姐妹，推及族人，推及乡人，推及国人和天下，推及天地自然、一草一木的大爱。孝道文化还包括庄、敬、忠、信、勇等为人处世之道及孔子追求的大同世界，让天下老人都能颐养天年、安享晚年，让天下壮年人都能发挥自己的作用、贡献自己的力量，让天下孩童都能快乐健康地成长，让天下孤寡、残疾之人都能有所供养。

孔子说，天地所生的万物，最尊贵的是人。人的德行，没有比孝道更大的了。孝道之中，没有比敬爱父母更大的了。因为亲爱敬重父母的行为，从幼年相依于父母膝下时，就自然产生了。这是人之天性。所以，不亲爱自己的父母，而去亲爱别人，那就叫违背道德；不尊敬自己的父母，而去尊敬他人，那就叫违背礼义。

而中国孝道文化的培养，就是根据人性，由爱父母开始，由爱父母到家庭，由爱家庭到家族，由爱家族到国家，由爱国家到世界，由近及远，将这种爱层层推及，最终达到"仁者与天地万物同体"的境界。因此，孝道文化对古人修身、齐家、治国、平天下起着举足轻重的作用。

这才是孝道文化的精髓。

而中华文明之所以成为世界四大文明之一，传承至今而没有中断，其中既有血脉传承，也有文化传承，以及由这种文化衍生的中华民族文化信仰。

所以说，孝道文化是中华民族文化的核心美德，行孝、尽孝是中国人的基本价值和道义，也是支撑中华民族生生不息、薪火相传的重要力量，同样是家庭文明建设和社会和谐的宝贵的精神财富。

目前，中国已进入老龄化社会，又因独生子女的大量出现，使我们的社会人口结构发生了巨大的变化并面临严峻的挑战。所以，弘扬中国孝道精神，让老有所养、所安、所乐，让幼有所学、所习、所长，壮有所问、所思、所行，家庭和爱、乡人互爱、人间有爱、社会和谐、天下和美，既能弘扬中华传统美德，又能改变社会风气，对社会治理具有重大的现实意义。

雷子于北京天通苑

2023 年 11 月 3 日

目录

恪守孝道，著书立说

曾子

娘，
您以后想儿，
一下手时，就轻轻，
儿就能感受到
哟！只是您别太
用力，如果哭得
了手掌，儿子
会心疼的。

曾子

慈乌复慈乌，
鸟中之曾参。

白居易

曾子，中国著名教育家、思想家，儒家学派的代表人物，孔子晚期著名弟子，为"孔门四配"之一，配享孔庙，后世尊他为"宗圣"。曾子不仅是中国历史上有名的大孝子，是"二十四孝"中的典范人物，还是《大学》一书的作者，参与编写《论语》，继承孔子的"仁"和"礼"思想，系统而全面地整理《孝经》，对中国孝道的弘扬产生了重大而深远的影响。

曾子，名参，字子舆，春秋末年鲁国南武城（今山东嘉祥县）人，生于公元前 505 年 10 月 12 日，小孔子四十六岁。

曾子的父亲曾晳，也是孔子的弟子。曾子出生时，曾晳已经三十八岁，可谓大龄得子，所以对儿子的教育非常

用心，寄予厚望，他将自己学到的"六艺"知识很早就传授给儿子。曾子从小就是个孝顺、勤快、好学的孩子，经常帮助母亲干家务活，跟随父亲下田劳动、上山打柴。

有一次，曾皙有事外出，家里就剩下小曾子和母亲二人相依为命。这几天，曾母生病了，她有气无力地躺在床上。小曾子劈柴烧火，刷锅做饭，端水喂饭，细心地照顾着母亲。

有次在做完饭后，曾子发现柴火不多了。于是，小曾子决定独自上山砍柴。但是母亲非常担心，不让他去，说今天外面风太大，你一个人上山砍柴，会有危险。

曾子笑着安慰母亲说："娘，您放心在家歇着，儿子会小心谨慎的。况且，父亲不知何时回家，咱们的柴火马上用完了，天气又不好，万一老天再下一场雪，我就无法进山砍柴了。"于是，他拿着柴刀与绳子，直奔山林而去。

曾子砍了一半，突然感觉一阵心疼。他担心母亲是否有什么情况发生，于是他就急忙收了柴刀，背起打好的干柴，一路小跑往山下赶。待回到家时，他发现原来是家里来了一位远房亲戚，母亲因有病在身，不能起床招待，又怕失了礼数，所以在心急之下，就情不自禁地咬了几下自己的手指。不料想，儿子竟能感受到。这应该就是人们常说的"诚感天地""母子连心"吧！

小曾子热情地招待客人，等把客人送走后，他就跪在母亲床前说:"娘,您以后想儿子时,就咬一下手指,儿子就能感受到呢!"村里人听说此事后,都纷纷赞叹小曾子的孝行。此时,曾子才十岁。

公元前489年,十七岁的曾子正式拜孔子为师。孔子对曾子的印象是"参也鲁",也就是说曾子为人质朴、

娘,您以后想儿子时,就咬一下手指,儿子就能感受到呢!只是您别太用力,如果咬伤了手指,儿子会心疼的。

憨厚诚实。

曾子虽然质朴憨厚，但他特别勤学好问。他对遇到的事理总是千方百计地刨根问底，探寻明白。曾子不仅善于向老师请教，还善于向同门们学习并与其切磋，一旦发现自己的看法、做法不妥，就立即认错改正。这就是曾子"吾日三省吾身"的为学精神。

"为人谋而不忠乎？与朋友交而不信乎？传不习乎？"所以进入孔门不久的曾子，很快就赢得老师和同学的喜欢。

但是，为人孝顺、质朴憨厚、勤奋好学的曾子做的一件事却让孔子对他非常生气，甚至提出严厉的批评。

一天，曾子和父亲曾皙一起到地里干活。他们扛着锄头，戴着斗笠，一前一后，为瓜苗锄草、松土。

不一会儿，年轻有力的曾子便清理出一块干净的瓜地。他拄着锄头，回望自己的劳动成果，感到格外自豪。休息一会儿后，曾子转身继续劳动，没想到得意忘形，一不小心竟将一棵长势喜人的瓜秧连根铲断了。

这一幕，刚巧被异常爱惜庄稼的父亲看到了。这还了得，曾皙火冒三丈，顺手抄起一根木棒朝儿子奔过来。曾子见父亲如此生气，不是立即跑开，而是站在那里一动不动，等着父亲来打。他认为让父亲打一顿，消了气，才是孝顺的行为。

曾皙也没料到儿子竟然不躲闪，一时收不住手，木棒便重重地打在了他身上。曾子当即便昏倒在地。在地里干活的乡亲们见了，都慌忙跑过来，他们立即将曾子抱在怀里抢救，不停地呼唤他的名字。而此时的曾皙，却呆立在一旁，不知所措，懊悔不已。

曾子醒来后不仅没有抱怨父亲，还想到因为此事，父亲心里一定难受。于是，他立即向父亲道歉说："刚才是我惹您生气，您才用那么大的力气来教训我。没有气到您的身体吧？"

大家看到此时的曾子仍然关心父亲的感受，都纷纷赞赏他的孝行。

孔子听到此事后，不但没有赞扬曾子的行为，还气愤地对学生们说："等曾参来上学时，你们不要让他进门！"

曾子听到这个消息后，感到很委屈，就托同学帮忙询问夫子，自己到底错在哪里。

孔子转告同学说："舜的父亲待他不好，但若父亲有事，舜一定侍奉在侧；可当父亲想要害他时，却从来找不到舜。因为舜知道，只有这样才不致使父亲背负杀子之罪名。"

孔子继续说："现在曾参见曾皙拿大棒打他，却不肯跑掉，一旦被他父亲失手打伤了，岂不是要陷他父亲于不义吗？这不是愚孝吗？所以，若用小杖打，可以忍受；若用大杖打，就该及时逃跑，这才是真正的孝顺啊！"

当听到孔子的这番教诲后，曾子才意识到自己的愚孝是多么地不合时宜，他悔恨地说："原来这件事我真的做错了！"于是，他立即拜见孔子，并向夫子真诚地道歉。孔子见他态度诚恳，便颔首示意，最终原谅了他。

所以，曾子在后来整理孔子的孝道思想时，不仅批评这类愚孝行为，还特意在《孝经》中提出《谏诤章》。"曾子问：'像慈爱、恭敬、安亲、扬名这些孝道，已经听过了夫子的教诲，我想再冒昧地问一下，做儿子的一味遵从父亲的命令，就可称得上是孝顺了吗？'孔子说：'这是

什么话呢？从前，天子身边有七位直言相谏的诤臣，即使

天子是个无道昏君，他也不会失去其天下；诸侯有五位直

言劝谏的诤臣，即便诸侯是个无道君主，也不会失去他的

国家；卿大夫有三位直言劝谏的臣属，即使卿大夫是个无

道之臣，也不会失去自己的家园。普通人有直言劝诤的朋

友，自己的美好名声就不会丧失；为父亲的有敢于直言力诤的儿子，就不会陷于不义之中。因此，在遇到不义之事时，如系父亲所为，做儿子的不可以不劝诤力阻；如系君王所为，做臣子的不可以不直言谏诤。所以对于不义之事，一定要谏诤劝阻。如果不分是非，只是一味地遵从父亲的命令，又怎么称得上是孝顺呢？'"

这就是后世"从义不从父，从道不从君"的思想源头。

公元前 482 年，孔子最得意的弟子颜渊病逝，曾子此时二十四岁。曾子看到夫子失去弟子后的伤心欲绝，深刻认识到文化道统的重要性。所以他更加发愤学习，用心体悟夫子的学问，对孔子的思想精髓也有了更透彻的理解。

一日，孔子特意留下他，说："曾参呀！我的学说可以用'一'贯通起来。"

曾子马上领悟说："是。"

孔子走出门以后，其他学生不解地问："夫子说的是什么意思？"

曾子说："夫子的仁道，即'忠恕'罢了，这就是以'一'贯之。"

"尽己心之谓忠，推己及人之谓恕。"曾子已经真正把握了孔子的思想精髓，将"仁道"归结为"忠恕之道"，不仅指明了人与人之间相处时的基本道德准则，也传达了人与人交往时的真实情感和心理沟通原则，为了社会的和谐发展，起到了积极的促进作用，也为"行仁道"找到了一条简易方便之路。包括"己所不欲，勿施于人"，以及"己欲立而立人，己欲达而达人"，体现的都是这种关系。

曾子在学问上的突飞猛进，让孔子感到非常欣慰，孔子曾称赞曾子说："孝，德之始也；悌，德之序也；信，德之厚也；忠，德之正也。参夫中四德也。"在老师孔子眼里，曾子已经具有"孝悌信忠"四种德行了，这是对他极高的赞誉和认同。

公元前 479 年，孔子病故。孔子去世前，他专门把曾子叫到面前，将自己心爱的孙子孔伋（即子思）郑重地托付给曾子。曾子当时才二十七岁，他不负夫子所托，悉心培养子思。在曾子的影响和教育下，子思日后成为中国著名的思想家、教育家、哲学家，撰写了儒家重要经典——《中庸》，被后世尊为"述圣"。其后子思又教育出自己的得

孔子去世前，他专门把曾子叫到面前，将自己心爱的孙子孔伋（即子思）郑重地托付给曾子。

曾子

意再传弟子——"亚圣"孟子，成为中华文明史上的代表性人物和儒家文化的道统传人，真正实现了"可以寄六尺之孤"的君子之义和薪火相传。

孔子去世后，曾子与同学们一起守丧礼三年。三年守丧过后，孔门弟子子夏、子游、子张认为有若面貌很像孔子，要把有若当孔子来侍奉。曾子拒绝，说："这样做不行。夫子的德行像长江的水洗过，像秋天的阳光晒过，清净洁白，无与伦比，怎么只求面貌相似呢？"

后来，曾子经常与同学们一起回顾孔子的言行教导，阐发孔子精神，弘扬儒家思想，最早参与编著《论语》这一孔子及其门人言行的语录体著作，对中华文明产生了莫大影响。

曾子一生，从政时间很短，主要以讲学授徒来影响这个社会。一开始，他在家乡南武城招收弟子，把从孔子那里学到的知识尽数传授给弟子们。四十岁时，曾子来到卫国，一待就是十多年，仍然以教学为主。晚年时，曾子从卫国回到家乡南武城，继续设教讲学。

曾子教授学生，有一个重要的特点，就是注意以身示范、教学相长、知行合一。他有个弟子，名叫公明宣，平常不爱读书。

一天，曾子问：“宣，你在我门下已经三年时间了，我怎么不见你认真学习啊？”

公明宣回答说：“我怎么敢不认真学习呢？我看见先生在家里，父母双亲在面前，您连犬马也没有'喂喂'地呼唤过。我很敬佩这一点，就努力去学，可惜没有学成。我

看见先生接待宾客，恭敬谦虚，从不松弛怠慢。我很敬佩这一点，便努力去学，可惜没有学成。我看见先生在官府中，严格地管理属下，却不伤害他们。我公明宣很敬佩这一点，便努力去学，可惜没有学成。我虽然没有学成，但我怎敢不认真学习先生的言行呢？"

曾子闻言，立即起身离开座位，恭敬地道歉说："我不如你，你才是真正的学习啊！"

孟孙阳肤，也是曾子的弟子。一次，朝廷任命阳肤做典狱官，临行前他向曾子请教为官之道。曾子说："上失其道，民散久矣。如得其情，则哀矜而勿喜。"意思是说，在上位的人不按正道办事，民心离散已经很久了。如果能审查出犯罪的实情，应该可怜同情他们，千万不要自认有功而沾沾自喜。

公元前 436 年，曾参病重，卧床不起。他把儿子及弟子们叫到跟前，说："你们掀开被子，看看我的脚和手，都保全得很好吧！父母生我时，身体完好无缺。我一生正像

《诗经》上说的:'战战兢兢,如临深渊,如履薄冰。小心谨慎,就是要保全身体,这样才能对得起父母。从今以后,我知道身体能够免于毁伤了。你们要记住啊!君子修养之道贵在三条:'容貌庄重,就可以避免别人的粗暴和轻慢;脸色端庄,就可以接近诚信;言辞和气得体,就可以避免别人的粗鄙和悖理的话。'"

公元前 436 年,曾子去世,享年七十一岁,葬于南武城山下。

曾子是中国历史上有名的孝子,即使在两千多年后,他孝顺父母的故事仍然流传。他的故乡南武城,被人称为"孝道圣地";他埋葬的地方,被当地百姓称为"孝子山",可见曾子的孝道思想多么深入人心。尤其是曾子将孔子传授的"孝道"思想,精心继承、发展和创新,并全面系统地整理编写了《孝经》,将"孝道"对象向外扩大,不仅要指向父母及长辈,还要将这个"孝心"推及家族、朋友、社会、国家、天地自然,以及修身、养性、为人、处世等

容貌庄重，就可以避免别人的粗暴和轻慢；脸色端庄，就可以接近诚信；言辞和气得体，就可以避免别人的粗鄙和悖理的话

领域，"孝道"已成为中国人的核心价值，又是中国人的精神信仰。

此外，相传曾子所著的《大学》对中国后世也产生了巨大影响，被列为"四书"之一，是古代读书人的必读书。尤其是曾子提出的"明德、亲民、止于至善"三纲，以及

"格物、致知、诚意、正心、修身、齐家、治国、平天下"八条目,为古往今来的从政者和修齐治平者,指出了人生修养、完善自我的阶梯。

　　曾子,一位中国儒学史上影响卓越的人物,一位中华文明史上当之无愧的大孝子!

老莱子

孝养父母，戏彩娱亲

曾子说："孝子养老，要使父母内心感到快乐，不违背他们的意愿，娱乐他们的耳目感官，使他们起居安逸，在饮食方面要悉心照料，直到孝子身终。所谓'终身'孝敬父母，并不只是说终父母一生，而是终自己的一生。凡是父母所爱所敬的人，自己也要爱敬，即使对犬马也都如此，何况对于人呢？"春秋时期的老莱子就是这样的人。

老莱子，春秋末年楚国人，出生于楚康王时期，卒于楚惠王时期，是道家代表人物之一，主张"淡泊名利、顺乎自然、清静为天下定"等思想，又以"孝行"而闻名于世，是中国历史上有名的大孝子，其孝行被后人列入"二十四孝"。

鲁哀公六年（前489年），孔子受困于陈、蔡之间，楚昭王迎孔子来楚。后来，孔子曾遇到老莱子，并向他请教怎样辅助国君、治理国家、推行仁政。

　　老莱子是著名隐士，推崇"清静自然"和"无为"的处世之道。听了孔子的话，他没有直接回答孔子的问题，却说："万事万物都有其规律，不必执着于一个'为'字。"

孔子听了，若有所思地说："先生，您是劝我顺遂自然吗？"

老莱子说："正是。凡事不可悖逆事理。古来圣哲之人顺应事理，稳妥行事，才能事成功就。天下无道已久，你却执意推行仁义，这是行不通的。"

孔子主张"知其不可为而为之"的入世精神，当然不接受老莱子的建议，但他依然对老莱子的教导心存感激。

因为看不惯尘世间的名利角逐、尔虞我诈和诸侯争霸等乱象，老莱子始终没有从政，一直隐居山林。据说楚惠王很欣赏他渊博的知识，看重他高尚的品格，曾带着贵重礼物，亲自登门请他出山，被他婉言谢绝。

　　老莱子对楚惠王说："我乃一介山野村夫，没有什么才能德行为政做官。再说，一个人不能在家奉养双亲，只图高官厚禄，只顾自己享受，不是有违人子之道吗？"

　　楚惠王十年（前479年），楚国发生了"白公胜之乱"。为了躲避战乱，老莱子携家人逃至湖北省荆门蒙山（今象山），过起垦荒耕种、饮泉水、食杂粮、树枝架床、蒲草作垫的日子。

　　老莱子生活虽然艰苦，但他怡然自乐，从不怨天尤人。他隐居在蒙山，孝养双亲，晨夕侍奉，天天问候，以陪伴二老安度晚年为乐。

　　有一天，老莱子的父母在一块儿闲聊。

　　父亲忽然叹气说："唉，连儿子都七十岁了，看来我们

儿子都七十岁了，看来我们在世的日子也不会长了。

在世的日子也不会长了。"

母亲哀伤地说："是啊，是啊，谁说不是呢？这时间过得也太快了，还没有体会到人生的快乐，我们就老了。唉！过一天算一天吧，今天脱鞋，明天还不知道能不能穿呢！"

老莱子听到父母的对话，感到非常忧心。于是他暗下决心，一定要想方设法让二老的有生之年，每天都过得幸福开心。

　　为此，老莱子特意养了几只美丽善叫的鸟儿让父母玩耍。他又时常吹着口哨，引逗鸟儿，让它们发出悦耳动听的鸣叫声。

　　他的父亲尤其喜欢听，总是笑呵呵地说："这鸟儿的叫声，清脆婉转，真是太好听啦！"

看到父母脸上露出幸福的笑容，老莱子心里甭提多开心了。

有一年，天气大旱，滴雨未下，禾苗枯焦，庄稼颗粒未收。

老莱子虽然辛勤耕耘，子孙们也能勤俭节约，但遇到如此严重的天旱，一家人也经常处于揭不开锅、吃不上饭的困难境地。

为了免除父母的忧愁，老莱子想尽办法，在二老面前假装出丰衣足食、生活无忧的样子，并叮嘱子孙们不要在两位老人面前说出实情。

每天，老莱子都是陪着父母吃饭，亲自把三碗大米饭端到桌子上，给父母各一碗，自己留一碗。其实，他自己吃的那碗大米饭，只有上面那一点点米饭，下面全部是野菜。

一次，老莱子忙乱中出了纰漏，他把一碗本应留给自己的饭错给了母亲。当发现时，他马上要和母亲换过来。

　　老莱子的母亲虽然近九十岁高龄，但眼不花，耳不聋，也不糊涂，马上就明白了真相。她知道儿子的一片孝心，心疼地流泪责备他，说："度过灾荒不是一个人的事情，一家人都要共患难，齐心合力过难关。你每天还要干活，这样长期下去，弄垮了身体，这个家靠谁来支撑呢？"

老莱子急忙向母亲解释，他说野菜亦能充饥，且对身体大有益处。说完，他腰一挺，用力拍了拍胸脯，问母亲："我像不像个大小伙子？"父母听后哈哈大笑。

还有一次，老莱子想给父母改善一下伙食。他把家里稍微值钱的东西拿出去，在街上换回一斤猪肉。

香喷喷的肉菜做好后，老莱子已饥肠辘辘，馋得口水都快要流出来了。他怕父母强迫自己吃，就用猪油在嘴唇

上抹了一圈，好似满嘴流油刚刚吃过的样子。然后他才端着佳肴送给父母。父母让他再吃点儿时，他就装作生气的样子，一边跺着脚，一边揉着肚子说："肚皮都快撑破了，还要让人吃，莫非想把儿子的肚皮撑破吗？"

老莱子说着，还让二老为他揉肚子，逗得父母都笑出泪花，再次相信了他的善意谎言。

经过千磨万难，终于熬到了年关。可是，过年的新衣服还没有着落。老莱子首先想到的是如何才能给父母做一身新衣服，让二老开心。

于是，老莱子步行至几十里外的一个镇上，到一户富裕人家，赊到一匹土粗布，再让人细心裁剪。

新衣服总算做好了，可好说歹说，父母就是不穿。

老莱子的父亲硬要把新衣服给儿子穿，他声音颤抖地说："儿啊！你的心意我明白。我一个长年待在家里的老头子，穿啥都一样。你到外面，穿破衣烂衫，让人笑话。"

老莱子的母亲接话说："是啊，你父亲说得对。给我做

蹦、蹦、蹦
尚尚，一蹦踩
疼了爷爷的脚，二
蹦碰伤了奶奶的腰，
三蹦自个儿脑袋起了
个大包包，......

老莱子

的衣服，你拿去给你媳妇穿吧。我一个老太婆也不用穿什

么新衣服。"

　　老莱子左说右说，父母始终不答应。

　　怎么办呢？子夜将近，老莱子突然穿起色彩斑斓的花

衣裳、大红大绿的布鞋，又把老虎帽戴在头上，耍着拨浪

鼓，给父母唱起了儿歌：

蹦，蹦，蹦高高，

一蹦踩疼了爷爷的脚，

二蹦碰伤了奶奶的腰，

三蹦自个儿脑袋起了个大包包，

……

老莱子的父母听着儿子唱的歌谣，看着儿子穿着花衣服，笑得前仰后合。于是，老莱子乘机给二老穿上新衣。

别看老莱子是七十岁的人了，在父母面前，从来不说自己老，也不许儿孙们说他老。就这样，老莱子想尽办法让二老快乐地生活，并经常扮作顽童，让父母高兴。

常言道：老小孩儿。人老了，就如同小孩儿一样。脸色就像六月的天，说变就变。这一阵儿还有说有笑，过不了一会儿，就乱发脾气。

有一天，不知是晚上没有睡好，还是因为天气恶劣，两位老人一大早就心情不佳。他们刚数落完这个，又责备那个，好像不顺心全是儿孙们造成的。老莱子急忙上前，态度极其温顺地向两位老人检讨，并挑着老年人爱听的话说。

可好话说了一箩筐，两位老人仍然绷着脸，眉头紧锁，嘴噘得老高。

老莱子眉头一皱，计上心来。他赶紧把儿孙们打发出去，自己再次换上了花彩衣，戴上了老虎帽，在两位老人面前蹦了起来。

他一边蹦，一边唱起了儿歌：

身穿花彩衣，

头戴老虎帽，

吓得妖怪掉头跑，

吓得恶魔嗷嗷叫！

老莱子在唱歌的同时，还学着老虎跳跃的动作，张牙舞爪，大声嘶叫。他滑稽的样子终于把二老又逗笑了。

老莱子的妻子知道了这件事，认为丈夫太不爱惜自己的身体，做得也有点讨分，她非常心疼地对老莱子说："孝顺父母是天经地义的，但你也要爱惜自己的身体。为了博得父母的欢心，你在父母面前屡扮小孩儿，故意作态。这么折腾自己，你怎么能受得了呢？要是出个意外，这么大的一个家该怎么办呢？再说，你本身也是白发人了，儿孙满堂，应该老有老相。现在你动不动就穿上花彩衣，儿孙看着都别扭，外人知道也会笑话你……"

老莱子听妻子讲完，正色地说："你这是说的什么话？我就是活到一百岁，也是我父母心中的小孩儿。而报答父母之恩，从来就不分年龄大小。父母年龄越大，越需要儿女们的关心和照顾。消除二老的寂寞之情，免除二老的凄凉之苦，本来就是我们儿女应该做的，不能有一点私心杂念。再说，父母都是九十多岁的人了，还能活几年？子欲孝而亲不待啊！那些说笑话的外人，他们又怎知其中的道理呢？"

历史上关于老莱子的传说很多，老莱子行孝的故事可谓家喻户晓。后人以"老莱衣"比喻对老人的孝顺，从中可见老莱子在孝道方面的重大影响。北宋诗人苏舜钦在

《老莱子》一诗中写道："常羡老莱子，七十亲不衰。飒然双白鬓，尚服五彩衣。戏游日膝下，弄物心熙熙。"而"老莱娱亲"已经成了中国成语，影响一代代后人。

所谓孝养，一般人认为是子女在经济上为父母提供一些生活必需品和费用的物质行为。但是，缺少精神和感情上的交流，还不能算作是真孝。所以《论语》上记载：子夏问孝。孔子说："侍奉父母，能随时和颜悦色，让父母开心，难。仅仅是有了事情，儿女替父母去做，有了酒饭，让父母吃，难道这样就可以称上孝了吗？"就像《礼记·祭义》上说的："孝子之有深爱者必有和气，有和气者必有愉色，有愉色者必有婉容。"给父母美好的脸色，并时刻想方设法让父母开心，才是真正的孝行。老莱子当之无愧也！

今日，湖北省荆门市的老莱子山庄就是当年老莱子隐居的庄园。山庄附近有"孝子田""孝顺井"等遗址，为北宋景祐年间（1034—1038）修建。清代乾隆十四年（1749

年），荆门知州舒成龙在山庄修筑"孝隐亭"，亲书"老莱子之位"。1993 年 4 月，老莱子山庄迁至象山半腰。

榜样的力量是无穷的。老莱子山庄成为当代人近距离感受孝道文化的著名景点，老莱子已经成为中国孝义文化的代表性人物之一。

汉文帝

尝药孝亲，大孝天下

三代以下，
汉之文帝，
可谓恭俭之主。

朱子

汉文帝刘恒，是汉高祖刘邦的第四个儿子，公元前180年继位。

汉文帝在位二十四年，以秦亡为鉴，深知百姓生活对国家安定的重大意义。他为人孝悌，宽厚谦让，生活节俭，在位期间奉行"以民为本"的治国理念，践行儒家"君德如风"的循循教化，推崇黄老"无为而治"的安民之道，仁爱百姓，减免赋税，广纳谏言，刑罚公正，政治清明，使社会慢慢得以稳定，人丁逐渐兴旺，经济得到了快速恢复和发展，实现了国家强盛，百姓富裕安宁，与其子汉景帝共同开创了文景之治。

汉文帝是中国历史上难得的好皇帝，更是以仁孝之德闻名天下。

汉文帝的母亲名叫薄姬，本是南方吴县（今江苏苏州）人。在她小时候，有一个相面的人曾说过她是大福大贵之命。

　　秦朝末年，天下大乱，魏国公子魏豹自立为王，纳了薄姬为妾。

　　后来，魏豹战败，薄姬作为战俘被送入织室织布，后被刘邦遇到，就纳入后宫。公元前 203 年，不太受宠爱的薄姬，很快为刘邦生了个儿子，他就是后来的汉文帝刘恒。

刘恒七岁时，薄姬因看透了宫廷的险恶及吕后的阴狠毒辣，所以说服了刘邦，让刘邦封刘恒为代王，与儿子一道去偏远的代地戍边。主动远离权力中心的薄姬，是独具慧眼的。刘邦一生有八个儿子，后来被吕后害死的竟达四人。

代地，包括现在的河北省西北部和山西省北部，当时属边塞苦寒之地，是防御匈奴进犯的要塞。皇子们嫌此地艰苦贫瘠，都不愿意前去。

薄姬却对刘恒说："先贤孔子曾说'贤者避世，其次避地'。虽然现在世道安宁，但皇宫之内，处处刀光剑影，很不平静。咱娘俩在朝廷没有根基，在后宫没有势力，我们需要'避地'，跑得远一点儿才安全哪！"

代地满目苍凉，刘恒很伤感，整日唉声叹气。为让儿子走出沮丧的低谷，她不断鼓励儿子，对刘恒的点滴进步都予以表扬，使刘恒渐渐恢复了自信。

吕后去世后，丞相陈平、太尉周勃和朱虚侯刘章携手诛灭了"诸吕"，重新商讨皇位继承人。刘恒时来运转，成

为大汉王朝的第五位皇帝（含前少帝刘恭和后少帝刘弘）。

　　汉文帝刚刚登基时，因为皇位还不稳定，他担心母亲会受到牵连，就没有将她接入皇宫居住。等到他根基渐稳，才派舅舅薄昭带兵前往封地将母亲接了过来。

　　汉文帝再三叮嘱薄昭说，路上一定要照顾好太后，每天的行路状况，都需要派人回宫禀报。当母亲的车队距离长安还有百里之遥的时候，汉文帝就亲自到郊外等候，见到迎接太后的车马后，立即到母亲身边服侍。

母亲入住皇宫以后，不论多忙，汉文帝都会抽出时间看望她。

汉文帝每逢上朝前，总是先到母亲那儿请安。散朝后他也总是先到母亲那儿问好，除嘘寒问暖外，就是陪母亲说一会儿话、聊聊天，让母亲开心。

　　有一次，薄太后生了很重的病。御医、术士都表示无能为力，这下可急坏了汉文帝。为了太后的病情，汉文帝经常忧心忡忡，并不厌其烦、反反复复、详细地询问御医和术士，不放过一丝一毫的希望和诊疗方案。

　　太后看到汉文帝日渐消瘦，心疼不已。

　　一次，她紧紧拉着汉文帝的手说："儿啊，你每天忙国家的事都忙不过来。国家的事可是大事，耽误不得。我这里有宫女侍候，你就放心好了。如果忙，三天五日来一回就行了。比起国家的事来，这终究是小事！

汉文帝向太后身边靠拢了一下，然后亲切地对太后说："国家的事是大事，尽孝也是大事。天子如果不能恪守孝道，破坏了礼制，那么他怎么能教化民众呢？再说，连生我养我的大恩大德我都不能报答，又如何报答别人的恩情呢？如果不能做天下百姓的表率，又怎么治理这个国家呢？"

每当薄太后感到什么地方不舒服，汉文帝就立即派人把太医召来，给薄太后诊治。太医开过药后，汉文帝又亲自煎药，不让别人插手。他亲自按照太医告诉的煎法一丝不苟地煎着，水放得不多不少，时辰上也一点不差。

待到薄太后喝药时，汉文帝每次都是自己先尝，做到药汤既不热也不凉。稍有一点不合要求，他就立即想办法，凉了重新再热，热了放在一边晾一晾，绝不让母亲喝烫嘴的或冰凉的药汤。薄太后的病时好时坏，很不稳定，因此他经常守在病榻旁，寸步不离。

　　常言说"久病床前无孝子"，何况是日理万机的皇帝呢？可是，汉文帝这一守，就是三年。三年里，他几乎没有睡过一个安稳、踏实的觉。薄太后哪个地方不舒服，他都起床查看。

　　皇天不负苦心人。不知是汉文帝用孝心感动了上苍，还是太医们的医术高明，总之，经过他三年没日没夜的侍候，母亲的病奇迹般地好了。

太后对宫女们感慨地说："有这样的一个儿子，我这一辈子知足了！即使哪一天走了，也没有什么可遗憾的了！"

这就是让汉文帝流芳百世的"二十四孝"中"汤药亲尝"的典故。

孔子在《孝经》中说："教民亲爱，莫善于孝。"意思是说：教人民相亲相爱，莫过于推行孝道了。

汉文帝为母治病、亲尝药汤的事迹，不久就传遍了天下，也感动了朝野。人们称赞他为仁孝之君，都说国家有这样的皇帝，是百姓之福。无论是朝廷官员，还是普通百姓，大家都纷纷效仿汉文帝孝顺父母、爱护亲友的德行，善待他人已成了社会时尚。

汉文帝不但孝顺母亲，还对其他长辈非常敬重。他即位之后，还将自己的外祖母魏老夫人也接到宫内居住。魏老夫人因为有了汉文帝与薄太后的照顾，生活过得十分滋润。但是老人家在吴地住惯了，总觉得皇宫内闷得慌，行为过于拘束，最后因为思乡心切，竟然病倒了。

汉文帝听到外祖母生病的消息，立即下诏广招天下名医，但是药吃了很多，却没有任何效果。他因此犯起愁来。

有一天，汉文帝去看望外祖母，当提及江南水乡的时候，外祖母竟然落下了眼泪。汉文帝见到这种情形，才知道了其中的缘由，原来"思乡"才是外祖母的病根。

汉文帝一向节俭，要求官员不得以任何形式扰民。在

继位的第二年，他就责成审计部门清点长安的公用马匹，将多余的畜力划拨到驿站。自己则身体力行，厉行节约。他宠爱的慎夫人衣不曳地，帷帐不施文绣。宫殿是旧的，不再装修；苑林很小，不再扩建。当时的宴游之所，地方不够用，需要再建一个露台，但他一看预算，需用百金，眉头就皱了起来，说："这等于十户中等人家的财产，太奢侈了，不建了。"

可为了外祖母，汉文帝爽快地从日常的花销中专门拨出一批费用，在宫内建造了一座仿祖母家乡的园林。置身其中，犹如江南水乡。

完工之日，汉文帝立即邀请外祖母去游玩。外祖母见到"故乡"一景一物，心情大好。不久后，病竟然全好了。从此，这座园林就成为了外祖母的居所。

薄太后不放心母亲一个人住在园林里，时常来探望，每次都会带来一些宫中的点心，孝敬老人家。有一天，薄太后给母亲带来了一些甜点，其中有一款油酥面烤饼，老夫人吃了几口，连连称赞不已。汉文帝知道后，就立即让御膳房的厨师专门做这种烤饼，每日供给外祖母。后来，这种油酥面烤饼技术流传到了民间，就是今日陕西富平县的传统小吃"太后饼"。

身体发肤，受之父母，不敢毁伤，此孝之始也。

有一次，汉文帝命人驾着车在高坡上行走。他突然来了兴致，想从高坡上疾驰而下，过一把飙车的瘾。旁边有

大臣劝说："陛下只顾自己过瘾，这么大的风险，万一出了事故，想过太后的感受吗？"

汉文帝一下子明白过来，连连称赞大臣说得对，自己做事不能让太后提心吊胆。汉文帝对待母亲的体贴入微之心处处体现。所以，在人均寿命不高的汉代，薄太后一直活到八十四岁高寿而终，这与汉文帝之孝养应该有很大的关系。

今天，在陕西省咸阳市礼泉县烽火镇的香积寺内，有一座望母塔，又名薄太后塔，传说是汉文帝为母亲所建。它是中国历代皇帝中唯一为思念母亲而修建的塔，见证了汉文帝的悠悠孝心。望母塔高大雄伟，凝重庄严，古朴典雅，通明透亮，充满了空灵神圣之气，穿越二千余年至今屹立不倒。

汉文帝的孝，并非只针对自己的母亲和外祖母。作为天子，他要将这种孝道推及普天之下的人，实现以孝治国。

汉文帝登基后，就下旨"定振穷、养老"，赈济那些鳏寡孤独和穷困的人，深深表达了他爱护百姓、体恤民生、接济贫困、孝养老人的意愿。他还特别制定了优待老人的具体政策：“对八十岁以上的老人，每人每月可以赐给米一石（约一百二十斤），肉二十斤，酒五斗；九十岁以上的老人，每人再加赐帛二匹，絮三斤。”政策要求赐给九十岁以上的老人之物品，必须由县尉或令史亲自送达，以示尊敬；其他老人的福利，也必须由乡官送达。

汉代沿袭秦代商鞅变法时制定的严刑峻法，包括“连坐制”，即“一人犯法，亲属连坐”的刑罚制度。仁慈的汉文帝即位后，对此很不赞成。

文帝元年（前 179 年）十二月，汉文帝专门下诏书讨论，他在诏书上说：“法令是治理国家的准绳，是用来制止暴行和引导人们向善的工具。既然犯法之人已经被判罪，为何还要让他们无罪的父母妻子儿女同罪连坐？我不赞成这样做，就这件事，请诸位商量讨论。”

有官吏认为“连坐制”可以收到震慑百姓的效果。汉文帝气愤地说：“朕听说，法律公正了，百姓则忠厚仁慈；量刑准确了，百姓则心悦口服。再说，引导百姓向善，这是官吏的职责。如果官吏不能正确引导他们，又用不公正

的刑法来严惩他们，这与法律公正精神背道而驰，这是残害百姓、逼迫他们造反的做法呀！这样治理百姓，朕看不出什么好处，诸位再仔细考虑。"于是当月，汉文帝下诏废除"收帑诸相坐律令"。

文帝五年（前175年）秋，汉文帝又下令废除"诽谤罪""妖言罪"，他在诏书中说："古圣先贤治理天下，在朝廷大门外专门设置进善言的旌旗和批判朝政的木牌，这是为了保持治国之道的畅通，鼓励直言正谏之人前来发表不同意见。现在的律法中，有诽谤朝廷妖言惑众的罪状，这让官吏们不敢说真话，而皇帝也没有机会听到自己的过失，这怎么能招来贤良之士呢？应该废除这一法令。百姓中有人咒骂皇帝言行的，官吏们认为是大逆不道、妖言惑众。百姓中有人批评朝政弊端的，官吏们又认为是诽谤朝廷。这些都是民间之声，或是抱怨之言，或是愚昧无知，如果据此处以死刑，我不赞成。今后再有类似案件，都不予审理和治罪。"

汉文帝时，有个太仓令名叫淳于意，精通医术。他在

一次给人治病时误诊了一位有权势的人，被控告害死人命。按当时的法律，淳于意要被押解京城接受"肉刑"，"肉刑"指在脸上刺字、割去鼻子、砍去左足或右足。淳于意生有五个女儿，没有儿子，所以临行时感叹说："没有儿子，有急事时还是指望不上女儿啊！"他的小女儿淳于缇（tí）萦听说后，伤心地哭泣，就跟随父亲进京，并上书朝廷说："我父亲做官时，大家都说他是个清官。他如今被判处肉刑，我不但为父亲难过，也为所有受肉刑的人伤心。一个人砍去脚就成了残疾；割去了鼻子，不能再接上去，以后就是想改过自新，也没有办法了。我情愿被官府籍没为奴，替父亲赎罪，好让他有个改过自新的机会。"

汉文帝被淳于缇萦的孝道感动，他内疚地说："朝廷官员如百姓父母，百姓犯罪是朝廷官员教化未到所致。况且，对于被施肉刑的人，想改过也来不及了，这岂是为人父母的心意？"于是他与司法机构商议，并发布命令：废除残忍的肉刑。

后元七年（前157年）六月初一，汉文帝逝世，享年四十六岁。朝廷上庙号为太宗，谥号孝文皇帝。汉文帝先于薄太后两年去世，曾遗言自己的妻子窦皇后和大臣们说："朕深受太后的哺育教养之恩，可是天不假年，以后不能在太后面前尽孝了。朕去世后你们一定把朕的陵墓建在太后脚下，头要朝向太后的方向，使朕在阴间也能恪尽子道。"

临终前，汉文帝又针对当时社会上盛行的厚葬风气，特意下诏，大意为："死亡为天地自然之理，不可太哀伤。

朕德才不足，未给百姓造福，不可再扰民；薄葬，丧礼从简，守孝时间缩短；陵墓依山而建，不封坟，灞陵周围山水，原貌不变；民间娶妻嫁女、饮酒吃肉，不禁；后宫嫔妃，夫人以下，送回家中。"

六月初七，一代仁君汉文帝在灞陵下葬。

汉文帝是中国历史上大名鼎鼎的孝子仁君，其仁孝天下的思想，深刻影响了他的执政方式，尤其是以民为本、体恤百姓、减轻刑罚、免除农业赋税、减轻成年徭役、鼓励民间经济发展等方面，真正实现了利民爱民之仁政。

公元前 178 年和公元前 168 年，汉文帝先后两次下诏将田赋税"十五税一"按减半收取，即"三十税一"。公元前 167 年，他又下诏免除全国的主体税——田赋税，这项免税政策一共执行了十三年，到景帝三年（前 154 年）才停止，这在以传统农业社会为主的中国历史上是绝无仅有的。公元前 158 年，汉文帝又下令，开放原来归属国家专有的所有山林川泽，准许百姓私人开采矿产，利用和开发渔、盐、铁等重要资源。这些惠民措施，不仅极大地减轻了百姓负担、改善了民生，而且极大地激发了百姓大生产的热情，促进了经济的蓬勃发展。因此，天下富庶，百姓安乐，而太仓里的粮食由于陈陈相因，以致腐烂而不可食，政府的库房有余财，京师的钱财有千百万，连串钱的绳子都朽烂断了，这就是文景之治时的社会盛况。

爱亲者不敢恶于人，敬亲者不敢慢于人。小孝孝于父母，大孝孝于天下。这就是汉文帝对天子孝道的深度理解和践行。

所以，后人对汉文帝仁德屡屡称颂，司马迁称颂："汉兴，至孝文四十有余载，德至盛也。"曹丕赞叹："文帝慈孝，宽仁弘厚，躬修玄默，以俭率下，奉生送终，事从约省，美声塞于宇宙，仁风畅于四海。"曾国藩甚至盛赞汉文帝："盖其德为三代以后第一贤君。"

继父遗志，忍辱著书

司马迁

夫孝，始于事亲，
中于事君，
终于立身。

《孝经》

汉武帝元封元年（前110年）春天，太史公司马谈病重。

弥留之际，他紧握着守在身边的儿子司马迁的手，殷切地叮嘱说："我们的先人为周朝太史。远在上古虞舜、夏禹时就取得过显赫的功名，主管天文、记录人事工作。后来衰落了，难道祖先的事业要断送在我这里吗？我死之后，你一定会接替我做太史令，接续我们祖先的事业。做史官一定要直言不讳，我相信你能做到，无须过多嘱咐。我一生最大的心愿就是写一部通史，为此准备了半生，可惜不能亲自实现了，你务必替我完成这个愿望！况且，孝是从侍奉双亲开始，中间侍奉君主，最终能在社会上立足，扬名于后世，光耀父母及家门，这是最高的孝行啊！天下之

所以称颂周公，就是因为他能够歌颂周文王、周武王的功德，又使人懂得周太王、王季的思想以及公刘的功业，以使始祖后稷受到尊崇啊！周幽王、周厉王以后，王道衰落，礼乐损坏。孔子研究整理旧有的文献典籍，振兴被废弃了的王道，定《礼》《乐》，删《诗》《书》，著《春秋》，赞《易》，直到今天，学者们仍以此为法则。从鲁哀公获麟开始，到现在四百多年了，其间由于诸侯兼并混战，史书散

佚，记载中断。如今汉朝兴起，海内统一，君主贤明，忠臣义子辈出，我作为太史却不能评论记载，中断了国家的历史文献，对此我感到十分不安，你可要记在心里，一定完成我的志向啊！"

此时，司马迁才明白父亲对自己的期待，才知道为何自己十岁时父亲就开始逼自己背诵《尚书》《左传》《国语》等史书，为何要让自己周游天下，遍访山河古迹。父亲用心良苦，司马迁岂能辜负厚望，他郑重地点头，流着泪对父亲说："小子虽然愚笨，但一定把父亲编撰史书的愿望全部完成，不敢有丝毫的缺漏。"

太史公司马谈去世三年后，司马迁继任太史令一职。他在父亲研究考察的基础之上，如饥似渴地阅读皇家图书馆里的藏书、档案，整理了很多历史资料，也了解了许多世人所不知的历史真相。他每天埋头在简策之间，废寝忘食，把图书馆里的资料都看遍了。

有一天，司马迁在阅读《春秋》时，突然又想起父亲的遗言："自周公死后，经过五百年才有了孔子。孔子死后，到今天也快五百年了，能否出现一个人，整理前代的典籍，续写《春秋》，在时间中彰显出不朽的思想，把'六经'的道理用于当今这个时代呢？"一想到这里，司马迁就惊呼起来："意在斯乎！意在斯乎！"原来，父亲的深意在于此啊！深意在于此啊！这样的历史责任，我怎敢推辞呢？我要当仁不让！续写史书，实现父亲的遗志。

　　为此，司马迁更加坚定志向，也更加注意到外地去实地考察，寻访史籍中记载的地点，向当地老百姓打听故事、传闻。他曾周游燕赵，求访黄帝、蚩尤交战的涿鹿古战场；他曾沿着黄河行走，追寻大禹治水的遗迹；他曾亲临楚汉对峙的壁垒，向老人们咨询有关刘邦、项羽的事迹……经过这些游历，司马迁积累了丰富的一手资料，也养成了豪放倜傥的性情，深深地了解民众的喜怒哀乐，同情老百姓的疾苦。

　　同时，司马迁又主动四处求教，同大儒董仲舒学习《公羊传》，向孔安国请教《尚书》，与当时名士壶遂、苏建等人交好。特别是拜大儒董仲舒为师，对他以后的史学创作影响巨大。

　　司马迁与上大夫壶遂讨论文章时曾说过："我听董先生说：'周朝王道衰败废弛，孔子担任鲁国司寇，诸侯害他，卿大夫阻挠他。孔子知道自己的意见不被采纳，政治主张无法实行，便褒贬评定二百四十二年间的是非，作为天下评判是非的标准，贬抑无道的天子，斥责为非的诸侯，声讨乱政的大夫，为了施行王道，让国家政事通达而已。'孔子说：'我想与其用空洞的说教去教育别人，还不如记载具体历史事件，因事见义，更为深切显明。'孔子《春秋》一书，上能阐明三王之道，下能分辨人事的伦理纲常，判别嫌疑，明辨是非，论定犹豫难决之事，表彰善良，贬斥丑恶，尊重贤能者，鄙视不肖之徒，保存已灭亡国家的史迹，接续已断绝了的世系，弥补残缺，振兴衰废，这些都是王道中的要点。"所以，司马迁充分地吸收孔子学说和"六艺"精华，立志效法孔子精神，继《春秋》作《史记》，完成一代大典。

　　资料完备之后，司马迁开始着手撰写《史记》。他不仅要完成父亲的伟大遗志，还要弘扬孔子著述《春秋》的精神，从仁义道德的角度来评判古代人物，颂扬有道的先王，鞭挞残暴的君主，称赞那些风流倜傥的君子，而讥讽那些唯利是图、不辨是非的小人……他直言记述自己的所知所闻，对项羽等那些失败者充满了同情，而对获胜者汉高祖刘邦的过错也毫无隐讳。

然而，一场战事却彻底改变了他的命运。

天汉二年（前99年），汉武帝派自己宠妃李夫人的哥哥、贰师将军李广利领兵讨伐匈奴，另派李广的孙子、别将李陵随从，负责押运辎重。李陵带领步卒五千人出居延，转战千里，孤军深入浚稽山，与匈奴单于遭遇。匈奴人以八万骑兵围攻李陵。经过八昼夜的战斗，李陵斩杀了一万多匈奴，最后在箭矢已尽、粮草断绝、无路可走、死伤的士卒堆积如山而又得不到主力部队的救援情况下，不幸被俘，无奈投降。

汉武帝得到消息以后，愤怒不已。朝中群臣都随声附和，声讨李陵的罪过。司马迁与李陵平日并没有深厚交情，但他认为李陵投降，也许是迫不得已，并且贰师将军李广利也没有尽到主帅的责任。

于是，司马迁向汉武帝进言说："李陵侍奉亲人孝敬，对朋友讲信义，对人谦虚礼让，对士兵有恩信，常常奋不顾身地急国家之所急，有国士之风范。如今他只率领五千步兵，吸引了匈奴全部的力量，在重重围困之中尚能杀敌

一万多人，虽然战败降敌，其功劳可以抵消过错。我看李陵并非真心降敌，他一定是想活下来找机会回报汉朝的。"

然而，不久有消息传来，李陵在匈奴为单于练兵，于是汉武帝族诛李陵家族。虽然后来证明此李陵非彼李陵，可大错还是铸成了。

最无辜的是司马迁，他仅仅在同朝为臣的道义上为李陵开脱一两句，便被扣上了"欲沮贰师，为陵游说"的帽子，定为诬罔罪名。诬罔之罪为大不敬，按律当斩。

当时的律法规定，死刑犯可以不死，但有条件，要么捐钱给国家，以钱赎罪，要么接受宫刑，放弃尊严。司马迁是个清贫的太史令，没有赎身的钱财。他想一死了之，可父亲遗言他著史的大志尚未实现。虽然慕义而死，名节可保，然史书未成，志向未达，这一死如九牛之一毛，与蝼蚁之死有何差异？

为此，司马迁痛苦地做出艰难抉择：接受宫刑。

但面对宫刑，司马迁心里却要承受千万冤苦，无人与说。他悲愤至极，痛不欲生，几度想要自杀，但最终坚持活了下去。他认为："人固有一死，或重于泰山，或轻于鸿毛。"死，简单；但一定要先活得轰轰烈烈，然后才能死得有意义。

不久以后，司马迁被释放出狱，继续在朝中任职。虽然他将所有的心血全部倾注到《史记》当中，更加废寝忘食地创作，但"宫刑"让他成为不是太监的"太监"，士大夫中的另类人，让他背负着终身的奇耻大辱。

司马迁在一封给朋友任安的书信中，是这样诉说的：

我承受如此大的羞辱，之所以还苟活于世，就是因为心中还有放不下的志向，畏惧没世无名，不能将文采传于后世呀！

　　自古以来，拥有荣华富贵而名字磨灭的人不可胜数，只有那些卓异而不平常的人，才能见称于后世。所以，周文王被拘禁而演出《周易》；孔子受困窘而创作《春秋》；屈原被放逐，才写了《离骚》；左丘明失去视力，才成就《国语》；孙膑遭受酷刑，《兵法》才撰写出来；吕不韦被贬谪蜀地，后世才流传着《吕览》；韩非被囚禁在秦国，写出《说难》《孤愤》；《诗》三百篇，大多是一些圣贤们抒发愤懑而写作的。这些人皆心意有所郁结，不得通其道，所以述往事、思来者。如左丘明双眼失明，孙膑双脚断了，终生不能被人重用，便退隐著书立说，来抒发他们的怨愤，活下来从事著作，来表现自己的思想。

　　我私下里也自不量力，近来用我那不高明的文辞，收集天下散失的历史传闻，粗略地考订其真实性，综述其事实的本末，推究其成败盛衰的道理。上自黄帝，下至于当今，写成十篇表、十二篇本纪、八篇书、三十篇世家、七十篇列传，一共一百三十篇，也是想探求天道与人事兴亡之关系，贯通古往今来变化之脉络，成为一家之言。刚开始草创，就遭遇到这场灾祸，我痛惜这部书不能完成，因此受到最残酷的刑罚，也没有为之变色。我确实想完成这本书，把它藏在名山之中，以后再传给志同道合之人，然后让它广传于天下。那么，我便抵偿了以前所受的侮辱，即使受再多的侮辱，难道会后悔吗？然而，这些只能向有见识的人诉说，向世俗之人讲不清楚啊！

再说，一个戴罪被侮辱的处境，是不容易安生；一个地位卑贱的人，往往被人诽谤和议论。我因为多嘴说了几句公道话而遭这大祸，更被乡里之人、朋友之间羞辱和嘲笑。侮辱了祖宗，又有何颜面再到父母的坟墓上去祭扫呢？即使是到百代之后，这污垢和耻辱也是深重啊！因此我腹中的肠子每日千转百回，居住在家中，精神恍恍惚惚，好像丢失魂魄一样；出门则不知道往哪儿走。每当想到这件奇耻大辱，冷汗就从脊背上冒出来而沾湿衣襟。我已经成了宦官，怎么能引身自退，隐居在深山老林岩穴之中呢？所以我只得随俗浮沉，跟着形势上下，以表现我的狂放和迷惑不明罢了……

在《报任安书》这封信中，司马迁真切地表达了他的忍辱负重和千万苦痛，可谓字字血泪，声声衷肠，气贯长虹，催人泪下。

征和二年（前 91 年），《史记》全书终于完成。司马迁以"究天人之际，通古今之变，成一家之言"的史识，经过整整十四年的呕心沥血，终于创作了中国历史上第一部纪传体通史——《史记》。这部书有五十二万余字，向上追述上古传说中的黄帝时期，向下记录汉武帝年间之事，前后跨越三千多年的历史。

但这样一部千古名著，司马迁却只能藏之名山，不敢公布于世。因为书中有大量的当朝史，他害怕再次因言获罪。

时间一直到了汉宣帝时，政治清明，社会和谐，经济繁荣，四夷宾服，史称"孝宣中兴"。而汉宣帝也是中国历史上少有的贤君。司马迁有个外孙名叫杨恽，自幼聪明好学，才华横溢，后来被封为平通侯。这时候他想到外祖父司马迁用毕生心血写成的这部巨著，正是重见天日的好时

机。于是他就上书汉宣帝，把这部《史记》献给朝廷，从此天下人得以共读这部伟大的史学巨著。

因司马迁独创的纪传体记史方式及完全继承孔子的"《春秋》精神"，所以《史记》被此后历代正史所借鉴，被公认为是中国史书的典范，成为"二十四史"之首。

班固是汉代系统评论司马迁的第一人。《汉书》中有《司马迁传》。班固在赞语中说："自刘向、扬雄博极群书，皆称司马迁有良史之材，善序事理，辩而不华，质而不俚，其文直，其事核，不虚美，不隐恶，故谓之实录。"班固说司马迁"不虚美，不隐恶"，可谓一语中的，世人称其当，后人皆服。司马迁的"实录"精神，已成为中国史学的优良传统。清代史学大师章学诚在史学名著《文史通义》中评论说："夫史迁绝学，《春秋》之后一人而已。"鲁迅先生盛赞《史记》说："史家之绝唱，无韵之离骚。"而这绝唱，正是司马迁用不屈不挠的毅力，在沉闷悲壮中唱出来的。

《孝经》上说："天地之性，人为贵。人之行，莫大于孝。孝莫大于严父。"司马迁就是这样一位影响中华文明史的大孝子，他忍辱负重，创作《史记》这部名著，不仅实现了对父亲的庄严承诺，让父亲得到天下极大的尊敬，完成了士人的极高典范——至孝，更继承和弘扬了孔子的文化精神，使中华文明连绵不断，也使自己的生命"重于泰山"，名传千古，死而不朽。

苏轼、苏辙

孝悌典范，千古知音

与君世世为兄弟，
更结来生未了因。

苏轼

有这样一个人，他是千古大文豪，其诗、词、散文成就，如天上的星辰，光耀中国文坛；他是书画大家，是中国书法、绘画史上的一座高峰，对后世产生了重大影响；他热爱生活，是大名鼎鼎的美食家，他创造了许多美味佳肴，流传至今，让人喜欢；他更是孝悌之人，尤其与弟弟之间的情谊，一个如山之高，一个如海之深，成为兄友弟恭的千古典范。他，就是中国文学史上与父亲、弟弟均被列入"唐宋八大家"，并称"三苏"的苏轼。

苏轼，字子瞻，号铁冠道人、东坡居士，宋仁宗景祐四年（1037年）出生于四川眉州。两年后，即1039年，他的弟弟苏辙出生。苏辙，字子由，晚号颍滨遗老。这对闻名中国文学史上的兄弟，为何有如此造化？家庭教育也！

峨眉苏家为诗书门第，非常重视家庭教育的培养。尤其是苏母的教育，对兄弟二人的德性志节、读书习惯和独立思考的培养，如"灯塔"一般，给他们的人生指明了方向。

苏轼的母亲是一位了不起的女人。古代女子出嫁后，通常被冠以夫姓，但由于她具有众口皆赞的独特品质，更有她成就了"一门三学士"的功绩，所以从古至今，人们都尊称她"程夫人",而非"苏夫人"。程夫人是大理寺丞（相当于现在的最高法院院长）程文应的女儿，程家又是四川当地有名的望族。程家有耕读传家的家风，即使程夫人是女子，也能受到良好的教育，自幼熟读诗书，颇知礼义廉耻，做事有远见。

程夫人十八岁时嫁给了苏洵。论当时家庭条件，毋庸置疑，程家富贵而苏家贫穷。对此，有人就对程夫人说："你的娘家无比富贵，你又是他们的掌上明珠。只要你跟父母张一下口，你的父母必定会答应分给你一些钱财，改善你们的物质生活。你为什么甘心如此清贫，不向父母求助呢？"

　　对此，程夫人回答说："是的，以我的名义求助于父母，确实没什么不可以的。但万一让人耻笑我的丈夫，说他靠求助于人而养活妻子，让他有何颜面生存于天地之间啊？再说，伸手一次，就会有第二次，久而久之，会使人养成依赖心理，变得好吃懒做，一蹶不振。"

　　苏洵闻听此言后，深受感动。从此，他谢绝宴游，发奋图强，主动出远门拜师学习，后来终于成为一代大家。这就是历史上"苏老泉，二十七，始发愤，读书籍"的缘由。

　　所以，注重志向和名节的程夫人，常以古代志士的事

迹勉励儿子，引导他们效法先贤，胸怀大志，以"澄清天下"为己任。有一次，程夫人教苏轼读《后汉书·范滂传》，范滂是东汉朝廷的官员，曾响应皇帝号召，一次性检举违法乱纪的刺史、二千石等高官二十多人，得罪了诸多权贵。后来，他两次经历党锢之祸，被下诏缉捕。为了不连累家人，他没有逃跑，而是主动投案，进了监狱。范母也是一位知书识礼、深明大义之人。她去监狱探望时，儿子对她说："我是死得其所，只是希望母亲不要因此而悲伤。"范母说："人想要好名节，又想长寿，可能吗？你已经留下好名声，死而无憾！做娘的没有白养你，知足了！"后来，范滂慷慨赴死，就义时年仅三十三岁。

当时年仅十岁的苏轼，看到范滂母子的事迹后大为感动，他不停地叹息，就对母亲说："如果我做范滂那样的人，母亲您同意吗？"一般人都会"趋利避害"，不会同意儿女的这种行为。但在程夫人看来，范滂情操高洁、大义凛然、不畏生死，是值得儿子学习的榜样，即使英年早逝，也是死得其所。所以程夫人听后，心中大喜，为苏轼的志气感动，她坚定地说："儿子你能做范滂，我难道就不能做范滂的母亲吗？"

苏轼、苏辙此后在政坛上的仗义执言、不避利害，应该是深受母亲的影响。

苏洵带苏轼、苏辙出蜀赴京之前，兄弟俩一直相知相

伴，形影不离，除跟随母亲勤读经书外，也一起师从当时的名士学习。学习之余，兄弟二人经常外出登山赏景，野外游玩。每次出门，程夫人总是再三交代：做哥哥的一定要呵护好弟弟，做弟弟的一定要敬爱哥哥，不能因一点小事就起纷争，甚至动口动手，那样父母最伤心难过。一向孝顺的苏轼、苏辙连连点头，深记于心。尤其是哥哥苏轼，总是对弟弟倍加呵护，给予无微不至的关怀，比如去某个地方，需涉水而过，苏轼每次都会先下去试探水的深浅、有没有深坑等，然后，给弟弟找根树竿当拐杖，自己挽起裤管走在前面，拉着弟弟试探性前行。外出游玩时，苏轼要是得到什么好东西，第一时间就会想到弟弟。有一次，苏轼得到一个形制奇特的砚台，他拿起来左看右看、上看下看，爱不释手，一到家就兴奋地告诉弟弟。但见弟弟也十分喜欢，他就毫不犹豫将其送给苏辙。

父母的言传身教，使苏氏兄弟受到了良好的家庭教育，不仅使他们知识渊博、才高八斗，而且成就了他们兄友弟恭、开拓进取、注重名节的精神，也为后来"澄清天下"的浩然之气打下了坚实基础。

嘉祐二年（1057 年），苏洵携二子苏轼、苏辙赴开封参加礼部会试，没想到二子竟同科及第，一时传为佳话。这一年，苏轼二十岁、苏辙十八岁。尤其是苏轼的文章，得到当时文坛领袖欧阳修的大力称赞。欧阳修读了苏轼的文章后，拍案而起，赞不绝口，说："不觉汗出。快哉，快哉！老夫当避路，放他出一头地也。可喜，可喜！"并预言"三十年后，世上人更不知道我是谁了"。未来的文坛，确实将属于苏轼时代了。

嘉祐六年（1061 年），朝廷举行难度最高的制科考试。苏轼及其苏辙在这次考试中，又双双榜上有名。苏轼得了

第三等（一二等皆为虚设，三等为实际最高等），成为北宋开国百年来第一人。苏辙名列四等。虽然是四等，但他的这篇策文，不仅震动了当时朝廷，也成为中国历史上的名文。相比苏轼"直言当世之故，无所委曲"的策文，苏辙的策论却一反其相对内敛沉稳的性格和文风，他把矛头直指宋仁宗晚年怠政之弊端，批评之力激烈，笔锋之犀利，让人惊骇：

沉沦于酒，荒耽于色，晚朝早罢，早寝晏起，大臣不得尽言，小臣不得极谏。左右前后惟妇人是侍，法式正直之言不留于心，而惟妇言是听。

大意是说，仁宗沉溺于声色犬马，怠于政事，还听不进去逆耳忠言，唯后宫里那群妇人之见是从。实话说，连我们普通的老百姓听了这些话都感觉刺耳不爽，更别说是高高在上、尊贵无比的皇帝。这还没完，苏辙在《御试制科策》一文中，还以历史上六个昏君来作比喻，即夏朝的太康、商朝的祖甲、西周的穆王以及汉成帝、唐穆宗、唐殇帝的故事，来论证宋仁宗"心荒气乱，邪僻而无所主。赏罚失次，万事无纪，以至于天下大乱"。接着，苏辙又直指仁宗不仅是不懂治国之道的皇帝，而且还是个贪图虚荣的伪君子。他在庆历年间劝课农桑、兴办学校，后来又派使者巡视天下，"不过欲使史官书之，以邀美名于后世耳"。

总之，苏辙严厉批评仁宗根本就没有执政能力，简直是昏君中的昏君，不配做皇帝！

此策在考试院如一声响雷，顿时炸开了锅。这还了得？无论名声一向不错的仁宗，还是那些负责考试的官员，他们大多认为，苏辙的论文实在是对皇帝赤裸裸的诽谤和攻击，尤其在朝廷对策的考试中，写出这样的文章，简直就是蔑视皇权、损害国家形象，影响极其恶劣。因此，一些人替苏辙捏了一把汗，心里不免犯嘀咕：苏辙，你这是怎么了？活腻了，小命不想要了？

幸运的是，苏辙生活的宋代，是一个言论自由的时代，当时的考官司马光，是有名的君子，他在苏辙身上仿佛看到了自己年轻时的影子，认为苏辙在应试中直指国家冗官、冗兵、赋税沉重、对外屈膝等时弊，其胸怀大志、忧国忧民、忠君报国、坦坦荡荡、大义凛然，可喜可嘉，应选为三等。而矛头直指的当事人，又是中国历史上大名鼎鼎的仁厚之君——宋仁宗，他非但没有将苏辙治罪，还对兄弟俩大加赞美："朕本日为子孙得两宰相矣。"对于反对高中的考官们，他又再三劝说："苏辙的策文，虽然言过其实，甚至切直过激。但我以直言求士，士以直言告我，今以此落选，天下人怎么看待我呢？"

　　最终，苏辙与三等失之交臂，名列四等。不久后，他便被任命为试秘书省校书郎、商州军事推官，苏轼被任命为大理评事、签书凤翔府判官。

　　是年十二月，苏轼赴任陕西路凤翔府判官，他们不得不面对兄弟在一起生活了二十多年后的第一次分别。二人

彻夜长谈，不忍别离。苏辙不顾交通不便、路途遥远，送哥哥到离京城一百四十里的郑州西门之外，才依依不舍地与兄长告别。苏轼心中亦是不舍，登高眺望，看着弟弟的乌帽随山坡的起伏而忽隐忽现，悲悯和忧伤之心油然而生。

苏辙返回京城，难遣眷眷手足之情，于是作《怀渑池寄子瞻兄》寄赠哥哥，诗曰：

相携话别郑原上，共道长途怕雪泥。

归骑还寻大梁陌，行人已渡古崤西。

曾为县吏民知否，旧宿僧房壁共题。

遥想独游佳味少，无言雏马但鸣嘶。

对子由的感慨，苏轼心有同感，写了《和子由渑池怀旧》一诗，将自己对人生的感悟和对往日事迹的深情眷念和盘托出。

人生到处知何似？应似飞鸿踏雪泥。

泥上偶然留指爪，鸿飞那复计东西。

老僧已死成新塔，坏壁无由见旧题。

往日崎岖还记否，路长人困蹇驴嘶。

翻看苏轼的诗词文集，他写给弟弟的这类作品，就超过 100 首，正如他曾在诗中感叹说："吾从天下士，莫如与子欢"。

英宗治平二年（1065年），苏洵病逝，苏轼、苏辙伤心欲绝，兄弟二人立即辞官，辗转千里，扶柩还乡，为父亲守孝三年。三年后，苏轼、苏辙还朝，震动朝野的王安石变法开始了。许多师友，包括当初赏识他们的恩师欧阳修在内，因反对新法，被迫离开京都。

神宗熙宁四年（1071年），苏轼上书谈论新法中的一些弊病，尤其批评"青苗法""均输法"是与民争利，以及为了推行新政，起用一批"乡愿"为御史官，成为政府及某些官员的附庸，这是破坏法纪，让言官缺乏独立性，也失去了监督皇帝和政府高官的作用。王安石非常愤怒，让御史弹劾苏轼。

不久，苏轼请求出京任职，被贬谪杭州任通判。苏轼曾先后两次主政杭州，政绩斐然，百姓欢悦，尤其是他主持修整改造的西湖及苏堤等惠民工程，影响至今，也留下了"湖上四时看不足，惟有人生飘如萍""欲把西湖比西

子，浓妆淡抹总相宜"等绝美诗词。任期届满后，苏轼主动请调至密州，之所以选择这个地方，并非这里有特别的景点，而是因为弟弟苏辙此时也被外放，正任职济南，两地都在山东，相距不远。

但苏轼到了密州后，弟弟又被外调。他与弟弟相聚的这一愿望，仍无法实现。

熙宁九年（1076 年），中秋节这天，皓月当空，万家团圆。苏轼突然想起近七年未见的弟弟，心潮起伏，不能自已，于是乘酒兴正酣，挥笔写下了千古名篇——《水调歌头·明月几时有》：

　　明月几时有？把酒问青天。不知天上宫阙，今夕是何年。我欲乘风归去，又恐琼楼玉宇，高处不胜寒。起舞弄清影，何似在人间。

　　转朱阁，低绮户，照无眠。不应有恨，何事长向别时圆？人有悲欢离合，月有阴晴圆缺，此事古难全。但愿人长久，千里共婵娟。

　　苏轼以复杂而又矛盾的思想感情，写下了这首千古绝调，借月亮的圆缺变化来抒写人间悲欢离合之情。其中最为人津津乐道的是"但愿人长久，千里共婵娟"。不过需要说明的是，该句被很多人误解为是表达对远方爱人的思念，其实这是苏轼写给弟弟的。他决心不做月宫里的神仙，情愿永留人间，即使相隔千里，也要和弟弟共看这美好的明月。

试想：一个人喝得酩酊大醉，嘴里还深深地想念起另外一个人，喃喃自语，念叨其过往，呼唤对方的名字，并用最深情、最至诚、最美妙的文字，记录下来。不用多想，这个人绝对在他生命中占有极为重要的地位。兄弟情深，莫过于此。

元丰二年（1079年），苏轼又被贬谪湖州。在贬谪途中，苏轼依惯例向宋神宗上表致谢，却被朝中政敌章敦、蔡确等人将苏轼的诗断章取义，以苏轼讥讽皇上和新政为罪名，将其免职逮捕，押送京城御史台审讯，史称"乌台诗案"。为了摧毁他这个文坛领袖及反对新法的代表人，他们又在苏轼诗文和与时人的书信中寻找反对新政、攻击朝廷的"罪证"，欲打造成死罪。

常言说，患难见真情。苏轼入狱后，平日里那些称兄道弟者，人人自危，纷纷和苏轼划清界限，开启各种"花式断交术"，唯恐牵涉到自己。苏辙在得知哥哥消息后，第一时间将哥哥的家小全部接到自己家中安顿，然后为哥哥之事四处奔告活动。不仅如此，他还效仿缇萦救父，给神宗皇帝上书《为兄轼下狱上书》，辩诬求情，并恳请皇上，愿意辞去自己所有官职，换回哥哥一命。

手足情之深，以至于舍命相助，如此而已！遗憾的是，朝廷不但未批准，还祸及苏辙，将他贬为监筠州盐酒税，五年内不能升调。

苏轼入狱后，长子苏迈每天给父亲送饭。父子约定，若无事则送肉和菜，若判死罪则送鱼。不想，这天苏迈临时有事，将送饭之事委托给了一亲戚，竟然将"父子之约"忘到脑后，而好心的亲戚为给苏轼改良伙食，偏就给苏轼做了一尾鱼。苏轼见鱼，以为大限将至，认为必死无疑，悲从中来，生死存亡之际，苏轼更是挂念弟弟，不忍见弟弟在没有自己陪伴的日子"夜雨独伤神"，便给弟弟交代遗言，并写下诀别诗《狱中寄子由》：

圣主如天万物春，小臣愚暗自亡身。

百年未满先偿债，十口无归更累人。

是处青山可埋骨，他年夜雨独伤神。

与君世世为兄弟，更结来生未了因。

苏辙接到哥哥遗言，尤其读到诀别诗中"与君世世为

兄弟，更结来生未了因"时，他不禁嚎啕大哭，不能自已。

这首诀别诗很快也辗转到了神宗皇帝手里。神宗读过此诗，也动了恻隐之心，将此事告诉了太后，太后也为之感动，暗中组织下野的王安石等重臣，为苏轼开脱罪责。神宗因而赦免了苏轼的死罪，贬往黄州任团练副使。宋代时，团练副使是虚衔，没有具体职务，官俸微薄，一般用来安排被朝廷贬谪的官员。

公元 1080 年，苏轼和儿子苏迈前往黄州。苏辙也由河南任上贬去江西，在江西安顿好一家老小十几口人后，又亲自护送苏轼一家老小到黄州。兄弟俩在黄州欢聚了十余天，并同游赤壁，期间，苏轼还写下了千古名篇《念奴娇·赤壁怀古》。

此后，兄弟二人分别居住在黄州、筠州，天各一方，彼此挂念，悠悠四载。期间，他们诗文来往不断，以了相思。苏轼因饮酒过度，犯了痔病，苏辙写诗劝哥哥戒酒，要多加保养。苏辙在筠州与官长不和，苏轼又劝弟弟没必要委屈自己，大不了来黄州一起耕地种菜，也能怡然自得。

也正是此时，苏轼在黄州城的东边，寻得一块坡地，他亲自开荒，建造房屋，并取号"东坡居士"，过起了"半官半农，半仕半隐"的生活。

后来，哲宗即位，皇太后垂帘听政，兄弟二人奉召回京，兄弟的人生又迎来了高光时刻。但好景不长，绍圣元年（1094 年），新党执政，苏氏兄弟又开始了长达七年的贬谪生涯。正如苏轼晚年所写："欲问平生功业，黄州、惠州、儋州。"而苏辙的贬谪地也大致类似：筠州、雷州、循州。

俗话说，一分钱难倒英雄汉。令人难以想象，就是这样一位德才兼备、诗文书画冠绝的千古文豪，被贬惠州时，连路费都凑不出来，还是弟弟苏辙资助哥哥七千缗，才解了苏轼的燃眉之急，得以安排一家老小到宜兴生活，了却后顾之忧。

公元 1097 年，苏轼被贬谪于海南儋州，苏辙被贬谪于广东雷州。农历五月十一日，兄弟二人相遇于广西滕州，苏辙送苏轼出海，六月十一日相别于海滨。兄弟二人相处了一个月才分开，苏轼做诗云："劝我师渊明，力薄且为己。微疴坐杯酌，止酒则瘳矣。"

这是苏氏兄弟的最后一次面别。就在分别前夜，苏轼

痔病再次发作，看到哥哥难受不止的样子，苏辙心急如焚，一夜未眠。他跑前忙后，急得跟热锅上的蚂蚁一般，不知如何是好，最后他竟然反复朗读陶渊明的《止酒诗》，再劝哥哥戒酒，以根治痔病。

清晨，苏轼登舟渡海。自此，兄弟两人，天各一方，彼此只能靠书信沟通：苏轼分享他苦中作乐的海岛生活，苏辙写信告知哥哥自己当了曾祖的欢乐。偶尔，如果有事耽搁，苏轼长时间得不到苏辙的书信，他甚至坐卧不宁，有时候还会用《周易》卜上一卦。

后来，徽宗即位，苏轼获赦，苏辙也奉召回京。这时候的苏辙，早已厌倦仕途，要求归隐许昌。苏轼思虑再三，也决定处置完宜兴的田产后与弟弟相邻而居。但不久，时局有变，苏轼担心再次卷入政治旋涡，只好作罢。

几经宦海沉浮，年过花甲的苏轼，有了一种时日不多之感。在给苏辙的信中，他托付身后事，并叮嘱弟弟为自己撰写墓志铭，因为世上只有弟弟最懂他。很快，苏轼因瘴毒发作，病情危重。

建中靖国元年（1101年），苏轼在常州去世，享年六十五岁。临终前，苏轼还握着友人钱济明的手说："惟吾子由，自再贬及归，不及一见而决，此痛难堪。"一生都在寻求"对床听雨"的苏轼，终究在生前没能再见到弟弟，抱痛而去。

听到哥哥去世的噩耗，苏辙失声痛哭，久久不已。从此，他闭门著书，不谈政事。不久，苏辙又把哥哥全家几十口人全部接到身边，安顿照顾，以了却亡兄的牵挂、也尽自己作为弟弟的责任。一日，苏辙翻看哥哥的旧作，当读到哥哥在海南和陶渊明《归去来辞》时，他又潸然涕下，慨然长叹道："归去来兮，世无斯人，谁与游？"

依照遗言，苏辙开始为这位"抚我则兄，诲我则师"的哥哥，撰写《亡兄子瞻端明墓志铭》，这篇流传千古的墓志铭是《宋史·苏轼传》的蓝本，也是一切苏轼传记的祖本。

十一年后，即公元 1112 年，苏辙去世，享年七十四岁。临终前遗言，和哥哥相邻而葬。终于，苏辙以另外一种方式，兑现了和哥哥的约定——"归隐田园、夜雨对床"之约，自此之后，山高水长，永不分开。

孝敬父母长辈、悌爱兄弟姐妹，是行仁道的根本！因为从人伦关系来说，"孝"是上下之间的爱，是纵向联系；"悌"是兄弟姐妹之间的爱，是横向联系。这"一纵一横"所构成的"十字形"网络，就是中国文化的核心，也是中国人伦道德观念的基点。仁爱，就是从这里生发和层层推出。反之，一个对父母不懂孝敬、对兄弟姐妹不知悌爱的人，又如何仁爱别人呢？这就是孟子所论"尧舜之道，孝悌而已矣"的文化深意。

而苏轼、苏辙兄弟的一生，正是"孝悌"的千古典范，是对这一精神的完美写照。

故《宋史·苏辙传》中赞论"辙与兄进退出处，无不相同，患难之中，友爱弥笃，无少怨尤，兄弟情深，千古罕见""与君世世为兄弟，更结来生未了因""但愿人长久，千里共婵娟"。无论是在伴读伴玩的单纯时光，还是在政治风云变幻的复杂境遇中，兄友弟恭的感情，一直有增无减。文学上，他们是诗词唱和的益友；宦途中，他们是同进同退的战友；政治上，他们是荣辱与共的伙伴；精神上，他们是相互勉励的知己；血脉上，他们是一母同胞的兄弟。苏轼、苏辙不仅孝心可表，完成了"兄弟睦，孝在中"的最高境界，同时，也精彩诠释了中国文化中的"悌道"精神。

朱寿昌

弃官寻母，孝子忠臣

朱寿昌后来官
至晓奉丹佛，还俗后
佛法，用大的钱费，发美
顺，发下大愿，只要能找到母
亲，凡人力所能及的，
他都愿尽孝心。

感君离合我酸辛，
此事今无古或闻。

苏轼

北宋的朱寿昌，字康叔，生于宋真宗大中祥符六年（1013年），扬州天长（今安徽省天长市）人，先后做过陕州通判、鄂州知州、岳州知州、阆州知州等官职，但让后世人千古敬仰并歌颂的却是他"弃官寻母"的故事。

朱寿昌的父亲朱巽（xùn），是北宋仁宗年间的工部侍郎。因为朱巽妻子赵氏没有生育能力，续娶刘氏作为小妾，生下一子取名寿昌，意为人寿年丰、国泰昌隆之意。随着朱寿昌日渐长大，赵氏觉得自己渐渐不受朱巽所宠，恐惧、嫉妒之心油然而生，便对刘氏渐生恨意，刘氏成了赵氏的眼中钉、肉中刺。从此，赵氏经常在朱巽面前数落刘氏之短。朱巽忙于公事，老是听到刘氏在家的是是非非，厌恶之感渐从心生。

在朱寿昌七岁
时，朱巽休了刘氏，
从此母子二人天隔
一方，分离长达五
十年。

因此，在朱寿昌七岁时，朱巽休了刘氏，从此母子二人天各一方、分离长达五十年。

当年，朱寿昌年幼，无力保护自己的生母，眼看着母亲含冤离家。但从此以后，寻母之心就深深地刻在他的心底，谋求母子团圆也成为他坚定的信念。

朱寿昌天资聪颖，品学兼优，二十七岁考取进士，走上仕途，并步步高升，可谓官运亨通，先后做过陕州通判、荆南通判、岳州知州等职。他为政清明，很有政绩。然而他数十年未与生母团聚，思念之心萦萦于怀。特别是年龄越大，思念母亲之心越加强烈，越感觉自己为人子之不孝，以至于后来在饮食上戒酒戒肉，言谈时动辄流下眼泪。

可是，母亲又在何地？流落到何方呢？母子分离几十

朱寿昌后来常年烧香拜佛，还依照佛法，用火灼香骨、烧头顶，发下大愿，只要能找到母亲，凡人力所能及的，他都愿意去做。

年间，杳无音讯，虽然他四面八方探寻下落，但一丝一毫的消息也没有。为此，朱寿昌后来常年烧香拜佛，还依照佛法，用火灼脊背，烧头顶，发下大愿，只要能找到母亲，凡人力所能及的，他都愿意去做。

老吾老以及人之老，幼吾幼以及人之幼，仁者与天地万物同体。朱寿昌不仅常年思念自己的母亲，他在官场上也时时牵挂百姓的生计，是一位尽忠职守、仁政爱民的好官。

朱寿昌任鄂州（今武昌）太守时，和被贬到黄州的苏轼多有交往。当时鄂州和黄州一带的百姓贫穷，难以养活过多的子女，对新生的女婴有"溺婴"陋习。苏轼知道后十分痛心，于是写下了《上鄂州太守朱康叔书》，建议他依法禁止溺女婴行为，并在黄州成立一个名为"育儿会"的慈善机构，动员人们捐钱捐米救助弃儿。在朱寿昌和苏轼的努力下，很多女婴幸存下来，鄂州和黄州"溺婴"的陋习也有相当改观。

朱寿昌在岳州当知州的时候，水上强盗多。为了缉捕强盗，朱寿昌登记民船，将民船刻上姓名，规定民船出入必须报告去向。什么地方发现强盗，检查民船的去向，很快就能够找到线索从而抓住强盗。水盗因此大为减少。

富弼、韩琦为宰相时，曾派遣使者出巡四方，行宽政仁，抚恤百姓，选择朱寿昌出使湖南。有官员进言：邵州可以大力采金，且有皇帝诏书，要求兴办。但朱寿昌却上书说，该州接近蛮荒之地，采金冶炼之事若大加开发，蛮荒之地边民必与之争夺，自此以后，边境恐将多事，而且要废良田数百顷，这不是敦本利民之道。皇帝听从了朱寿昌的奏告，下诏罢职。

朱寿昌在四川阆州做官时，当地大族有个刁民雍子良屡次杀人，依仗财富与势力，屡次得以不判死罪。一次，传言雍子良又杀人了，但被捕人犯却是他人，且罪证相符。

经过反复调查审看案卷，朱寿昌感觉疑点重重，于是他决定亲自暗访，调查求证，提审囚犯，对囚犯说："我听

说雍子良给你钱十万，答应娶你女儿为媳妇，而且要你儿子为女婿，所以你代他来抵命，有此事吗？"

说完此话后，朱寿昌敏锐地发现囚犯的脸色有一丝变化。

但囚犯矢口否认此事。

于是，朱寿昌又大力揭发雍子良为人阴险狠毒之处，说："你答应为他抵死。叮是签的文书上，为什么却是要你的女儿做婢女，还说给的钱已足够了，又不提要招赘你儿子为女婿之事。他这是欺负你不识字的缘故。如果真到那时，你又有什么办法对付他呢？"

囚犯闻听此言，突然醒悟过来，泪涕满面，说："我几乎为他替死。"

朱寿昌立即抓取雍子良，将之正法。阆州人因此称朱寿昌为神明，蜀地百姓至今仍然传颂他的事迹。

为了寻母，朱寿昌先后去过很多地方。

曾有一次，他来到福建省石狮市姑嫂塔下，看到海边一群船工正在修理船舶，就走上前去探寻母亲的下落。当得知他跋涉数千里寻找生母，所有船工都感动了。船工一边安慰他，一边从身边拿出三枚铁钉，对他说："只要有孝心，能坚持恒心的人，这铁钉一定会钉入石头中。"

朱寿昌半信半疑接过铁钉，又借了一柄铁锤，找到一块坚硬的海屿石，掏出铁钉，默默祈祷："寿昌寻母可得，铁钉能钉入石。"

一挥锤，果然把指头粗的铁钉钉入坚硬的石中。当时所有人都惊呆了，人们为朱寿昌烧香、祈祷，祝愿他早日找到亲娘，母子团聚。

虽然毫无方向地寻访，希望异常渺茫，但朱寿昌并不灰心，不达目的不罢休。后来，他又刺血书写了一部《金刚经》，持诵不辍，相信自己的虔诚总会感动上苍。

神宗熙宁元年（1068年），朱寿昌出任安徽广德知府。

一天，五十五岁的朱寿昌与父亲当年的老仆人李推偶然相遇。经过再三细心追问，李推向他提供一个线索，听说他母亲流落到陕西一带，嫁为民妻，但不知是真是假。听到这个消息后，朱寿昌异常开心。但他又为官职在身、不得自由而寝食难安。

经过数日思考，朱寿昌决定辞去官职，离别妻儿，千里迢迢前往陕西一心寻母。临别时，他对家人斩钉截铁地说：“如果这次找不到母亲，我就不回来了。”

就这样，朱寿昌再一次踏上了寻母之路。

有一天，朱寿昌进入陕西渭南境界。在与人询问中，他得知同州（今陕西渭南大荔县）有一户党姓人家，听说当年是一位外地大户人家的小妾嫁到本地，与母亲的情况相近。朱寿昌兴奋得手舞足蹈，他急忙赶到同州，经四处打听，后来在城东找到了那个村庄。朱寿昌又挨户寻问，终于在一家破旧不堪的房院前，见到一位婆婆衣衫褴褛，依门而立，目光呆滞，凝视远方。

朱寿昌快步上前，躬身施礼，询问老母下落。婆婆听后，急忙让他进门叙话。

进屋后，朱寿昌向婆婆详细陈述了母子失散后的经历和辞官寻母的经过。婆婆听后，泣不成声，知道面前这位

就是她失散五十年、朝思暮想的亲生儿子。

母子相认，失声痛哭，久久相拥，彼此诉说着失散后各自的苦难经历和思念之情。有诗为颂。

七岁离生母，参商五十年。

一朝相见面，喜气动皇天。

乡亲们听说此事，都为母子重逢欢欣不已，纷纷前来祝贺。他们为朱寿昌辞官寻母的大孝感动，勒石铭记此事，还将原村名改为婆婆村，就是今天大荔县婆合村。

当年刘氏离开朱家后，四处流离，乞讨为生，后来到了陕西同州府，给人纺线织布，干些零杂小活度日。后刘氏经人介绍改嫁党家为妻，又有子女数人。朱寿昌找到他们，视如亲弟妹，也全部接回家中供养。当时刘氏已经七十岁了，一家人和和睦睦，其乐融融。

朱寿昌弃官寻母之事，远近传扬。京兆太守钱明逸将此事奏明朝廷，皇帝宋神宗感念其孝行，诏令朱寿昌官复原职。于是，朱寿昌之孝天下闻名。

为此，苏轼专门作《朱寿昌郎中少不知母所在刺血写经求之五十年》诗一首，其中两句为"感君离合我酸辛，此事今无古或闻"。

过了几年，朱寿昌的母亲去世。朱寿昌痛不欲生，几乎哭瞎眼睛。母亲去世后，朱寿昌照顾同母异父弟妹，更加悉心周到。传说，朱寿昌母亲活着的时候害怕雷声。所以每到春夏季，只要有响雷，朱寿昌就到母亲坟前陪伴，不分昼夜，任凭狂风暴雨，朱寿昌也不离开。后来，他又在母亲的坟旁亲手种下一棵柏树，日日夜夜陪伴母亲。今天在他的家乡天长市秦栏镇向东一公里处，有一棵千年古柏，就是当年朱寿昌所植，被世人称为"孝子树"。

朱寿昌后来官至朝议大夫、中散大夫，一直到七十岁才告老还乡，荣归故里。当朝宰相王安石特地为朱寿昌写了一首《送致政朱郎中东归》，诗中对他的为官为人做出了高度评价。

有人说"自古忠孝不能两全"。意思是说效忠国家和孝敬父母不能同时顾及，既为忠臣，则不得为孝子。其实不然，用辩证的观点看问题，忠与孝是既统一又对立的关系。在两者之间，孰轻孰重，怎样取舍，要看当时、当事人的实际情况，关键要把握好平衡。

　　所以古人有"求忠臣必于孝子"之说，朱寿昌就是这样一位忠孝兼顾之臣。他五十岁之前仕途顺利，为国尽忠，为民尽义，可谓之忠。之后他放弃官位，千里奔波，只为寻母，可谓之孝。所以宋代诗人、画家文同对朱寿昌之事非常敬佩，并作诗赞曰：

　　　　蟠桃实在枝，蟠桃花已飞。

　　　　相隔五十春，一旦还相依。

　　　　康叔视金龟，解去如粪土。

　　　　徒步入峣关，金州取其母。

　　　　古人亦有此，比之康叔难。

　　　　几时有古人，能如公弃官。

　　　　玉莲仙宇中，相会谈此事。

　　　　使我发惊叹，达晓不能寐。

　　　　借问侍安舆，辇下何时过。

我欲率诸君，扶服诣门贺。

今天，在安徽天长市秦栏镇出产一种"朱孝子卤鹅"，又称"秦栏卤鹅"，据说这种卤鹅也源于朱寿昌。当年母子团聚后，朱寿昌发现母亲喜食卤鹅，于是他就专门托人研

制了一种别具风格的卤制鹅，其肉色泽金黄，光洁发亮，香气清新醇厚，油而不腻，烂而不散，美味爽口，母亲吃后非常开心。为了让母亲乐享天年，朱寿昌每天都让人卤制，又将卤鹅命名为"寿昌卤鹅"。后来，"寿昌卤鹅"的秘制工艺传遍乡里。乡民们敬佩朱寿昌的孝心，尊称"朱孝子卤鹅"。这种卤鹅制作工艺虽经千年，至今仍完好地流传了下来，已成为当地的特色小吃。

2013 年，朱寿昌故里安徽省天长市秦栏镇在朱寿昌诞辰 1000 周年之际，建成安徽省首家弘扬孝文化活动场所——寿昌广场。该广场竖立了朱寿昌辞官寻母的大型雕塑，再现了朱寿昌当年携母还乡的情景。

郑义门

家天下一

为家长者当以诚待下，一言不可妄发，一行不可妄为，庶合古人以身教之意。

《郑氏规范》

2015年5月22日，中央纪委监察部网站开设"中国传统中的家规"栏目，江南第一家——"郑义门"瞬间引爆网络，被无数网民送上热搜。一个孝义传承数百年的家族，出现在国人眼前。

"郑义门"，又称江南第一家，位于浙江省金华市浦江县郑宅镇，是中国古代家族文化的重要遗址。从北宋重和元年 (1118 年) 到明朝天顺三年 (1459 年)，郑氏家族在郑宅镇同居共食十五世，最盛时三千三百多人同吃一锅饭，历经三个王朝，长达三百四十余年。

这就是中国文化的独特魅力。中国人最重传家，如孔子家，自孔子以下七十九代直传到今天。今日台湾省的孔垂长，就是孔子第七十九代嫡孙，是国民党溃逃台湾时所

封的"大成至圣先师奉祀官"，主持每年的祭孔大典。若是从孔子上溯，其先人为宋国大夫孔父嘉，为六世祖；再追溯而上，先祖为殷商王室贵族微仲，为十五世祖。所以孔子晚年还流泪感叹说："我的祖先就是殷人啊！"其他家族，上溯祖先，皆有渊源。如孟家、颜家、曾家、王家、李家，家谱上记得一清二楚，都有两三千年的家史。这就是中国圣人孔子说的"兴灭国，继绝世，举逸民"的历史精神。

所以，中国文化重在修身齐家。但这个家，不是说的小家庭，是大家庭，还要讲家族，家族要求能传下。传家不是传财富，不是传田宅，而是传文化精神，如家训、家教、家风，不只是一个血统相传。因此古人常常说："高曾祖，父而身。身而子，子而孙。自子孙，至玄曾。乃九族，人之伦。"也就是说，我们先祖是谁，我们这个大家族是从哪里来的，有什么样的历史，家族生命是如何传承的？那么，"江南第一家"又是怎么来的呢？

洪武十八年（1385年），明代开国皇帝朱元璋看到这个三千多人的大家庭尊老爱幼、和睦相处，惊叹之余立即册封其为"天下第一家"。当时郑氏的族长郑濂认为，"天下第一家"只有皇家才能承担，所以不敢将皇帝册封的"天下第一家"的招牌挂出，于是就自己做了一个"江南第一家"的牌子。从此，"江南第一家"的名号不胫而走。

郑义门的成功，关键是"孝义"。首先是注重"孝"字，孝顺父母长辈，悌爱兄弟姐妹。中华文化历来崇尚做人要"孝"字当头，这是颇有道理的。一个人如果对生养自己的父母都无感恩报德之心，那么他也绝不可能成为有品格的人。其次是"义"字。义即对他人忠诚，与人为善，合乎仁义之道。敬人者人恒敬之，爱人者人恒爱之。

"郑义门"以孝义处理家人和外人的关系，才能内无纷争，外无诉讼。

"郑义门"兴盛三百多年的一大法宝就是家规——《郑氏规范》，它被誉为中国传统家规的里程碑。其事载入《宋史》《元史》《明史》。《郑氏规范》将儒家的"孝义"思想转换成操作性极强的行为规范，历经几代人创制、修订、增删，最终定稿为一百六十八条，涉及家政管理、子孙教育、婚丧嫁娶、乡邻相处、扶弱救孤、积德行善等方方面面。"郑义门"是个大家族，家族人有福同享、有难同当，无论是从商还是做官，所有收入，包括薪俸都要交给家族统一分配。

为了实现公平分配原则，郑义门还建立了一套科学的、易操作的管理系统，建立了一支分工不同的管理队伍：共设置了十七个管理职务，由二十六人分担。各种职务互相牵制，形成独立又合作的多层管理机构。此外，还专门设"监理"一职，对不能胜任其本职的管理人员，可由监理提案，再经众议商榷，或记过察看，或直接罢免，或另选贤能之士，这初步具备了类似现代民主国家的管理体系。

从宋到明，"郑义门"约有一百七十三人为官。尤其是明代，出仕者多达四十七人，官位最高者位居礼部尚书。而让人惊叹的是，在郑氏子孙中，竟没有一人因贪污而被罢官者，实在让人敬佩不已。

"郑义门"第一世祖为郑绮。郑绮，字宗文，生于北宋重合元年（1118 年），善读书，精通《春秋穀梁传》，是中华文化史上著名的"郑义门"创始人。

郑绮以孝悌治家，勤耕力学。据记载，郑绮的父亲郑照因蒙冤入狱，郑绮便上疏郡守，请以身代之。郡守感而察之，冤情得以大白。

母亲张氏患风挛长期卧床，郑绮日候床边，侍奉饮食汤药，三十年如一日，始终不懈。郑绮在临终前，给子孙们留下遗嘱：**"吾子孙有不孝不悌、不共财聚食者，上天必罚之。"**后世子孙牢记郑绮的嘱托，郑氏家族由此开启了同

居共食的历程。

　　"郑义门"五世祖为郑德璋。他在先人以"孝悌治家"的基础上，又提出"以法齐家"思想，并初步制定了"治家准则"，成为《郑氏规范》的最初蓝本，也为家族长久合居奠定了更为坚实的基础。

　　后来，郑德璋又对承担着家族教育功能的"东明精舍"

做了扩建，这就是后来的"东明书院"。该书院不仅让家族子弟学习文化知识，还吸引了四方学子来此求学，明初大儒宋濂、方孝孺，以及家族精英郑沂、郑洪、郑洽等名士先后从这里走出，成为国家栋梁之材。

"郑义门"六世祖为郑文融。郑文融在宋濂的支持下，

制定了一部五十八条的家族法典《郑氏规范》，以此来管理家庭的生产和生活。家规的主要内容包括：尊祖宗、孝父母、和兄弟、严夫妇、训子弟、睦宗族、厚邻里、勉读书、崇勤俭、尚廉洁。以家庭伦理为主体，以勤俭持家为根本，重视齐家善邻和修身成德。这也是儒家"四书"的核心思想，以修身为基础，以家庭治理为重要手段，以治国平天下为最终目的。

此后又经郑氏族人的努力，《郑氏规范》逐步增加到详细完备的一百六十八条。特别是家范第一条就规定，家族设立祠堂一所，以供奉先祖神位。家族有重大事务必到祠堂禀告祖先。每月初一、十五日必须在祠堂举行祭拜仪式，逢重大节日必须敬奉时鲜果品。春、夏、秋、冬四时（阴历二月十五日、五月十五日、八月十五日、十一月十五日）祭祀仪式，都应遵照朱子编著的《文公家礼》进行。并且，每月在祠堂召开代表会议时，除祭祀祖先、商讨家族大事外，还要读《郑氏规范》，唱劝孝行善歌，宣扬："子孙为学，须以孝义切切为务。""居家则孝悌，处事则仁恕。毋持己之势以自强，克人之财以自富。""凡郑氏子孙，皆以积德行善、救难扶弱、博施济众为荣，无论对族人，或是乡邻，宁我容人，毋使人容我。"这些家规家训，公开表扬族中好人善行，公示不善之人事，对初犯者给予批评教育；对屡次犯错者给予处罚；对大恶者给予族谱除名或送交官府治罪。

郑氏祠堂不仅起到了"收族敬宗"的核心功效，更起到了教育族人及扬善去恶的重要作用，具有传播善念、净化心灵、提升生命境界的特别功能，这也是儒家治世思想，特别是宋明理学有效治理社会、推动社会文明的有力明证。

后来，"郑义门"中又出现一位重要人物郑锐。他侍奉母亲极为孝顺。母亲贾氏生病，他日夜不解衣冠，端汤送药，几十天都没有松懈怠慢的神色。他做人表里如一，和兄弟相处非常愉快和睦。因此，他得到全族上下的一致称

赞，大家推举他掌管"郑义门"的家财。

郑锐身负重责，常常勉励自己说："我们郑氏一族累世义居。如果到我这儿，出现败坏先祖家训的事情，万死也不足以救赎耻辱。"

于是，他创立格式，使用钱财必用凭据。每天记账，每月做一次总结，把账单送到监事那里签署意见，以备查考。从此以后，家族钱财收入开支公开透明，并且都以记账凭证为据，随时可以查验，没有任何条件限制。

明代洪武年间，大儒宋濂、方孝孺向明太祖朱元璋介绍了"郑义门"的事迹。此时，"郑义门"八世祖是郑濂。于是，明太祖朱元璋下诏，让郑濂进京面见，亲自向他询问治家长久之道。

郑濂回答说："谨守祖宗家规家法，不听妇人挑拨是非之言。"说完后，郑濂又把《郑氏规范》呈给皇帝阅读。

明太祖看完后，无限感叹地对左右的人说："普通人家谨守家规成法，尚且能够维持家族长远，何况是一个国家呢？"

明太祖又对他说："如此义门，当为天下表率。你今后每岁朝见，可与颜、曾、思、孟（指复圣颜渊、宗圣曾子、述圣子思、亚圣孟子）子孙同班行礼。"

明太祖在这次召见赐给他的物品中，有两个香梨是非常罕见的贡品。为了让家族所有人都能品尝这美味，郑濂回家后将两个香梨捣碎，用两缸水拌匀后，给家人分着喝，可谓荣光同享、雨露均沾。明太祖听说此事后，对他的公道治家更是赞赏不已。

郑濂当族长期间，兼任了当地的粮长之职，负责为朝廷催送皇粮。由于天灾导致粮食歉收，另一大户曹氏带头抗税，两家因此结怨。之后，朝廷责成粮长牵头测绘鱼鳞

图册。由于郑濂不受贿赂、秉公办事，更得罪了曹家，致使两家矛盾进一步升级。但为了解决"洞溪"建桥之事，郑濂还是主动上门拜访曹家，并在拜访期间治好了曹氏族长的中毒之症，两家的矛盾因此而化解。

当时胡惟庸案发，作为洪武年间第一政治案，牵连了几万人。有人借机控告郑氏家族与胡惟庸交接，官吏来逮捕他们，兄弟六人争着入狱。最后，郑濂的弟弟郑湜被抓到了京城。

当时郑濂正好在京城，立即找到弟弟说："我年龄居长，又是族长，应当承担罪责。"

郑湜说："兄长，您年老了，我自己前往申辩。"

二人争着承担罪名。

明太祖听说后，看重郑氏一门孝义，认为如此仁义之家不会有叛逆之事，就亲自对办案人员说："像他们这样的人，难道会追随别人干坏事吗？"

于是明太祖下令停止审问，还召见他们，并提拔郑湜

当福建参议官。

郑湜做官清正廉洁，有政声。当时，南靖的百姓作乱，被牵连受处分的人家达几百家，郑湜向各个将领说明真实情况，他们全部被免罪释放，当地百姓都感恩他的大德。

洪武二十年（1387年），明太祖又一次下诏，命人到州县各地编制鱼鳞图册，再次核查、统计天下土地田赋。在编制鱼鳞图册的过程中，有一些田户和粮长与官府勾结，营私舞弊，隐匿田产，甚至将自己的田产过户到亲朋名下，逃避朝廷的赋税和徭役。

朱元璋知道后勃然大怒，于是下令大力铲除不法粮长和贪官污吏，并鼓励百姓告发，从严从快，处理此案。

郑濂既为粮长，虽受知于朱元璋，不幸也受其连累，要押解京师受审。堂弟中有一人叫郑洧，听到消息后毅然挺身而出说："兄长年高八十，白发苍苍，此行一定凶多吉少。若客死他乡，人们会说我们郑义门无人，我愿代兄进京，死而无憾。"郑濂不许，郑洧以死相争，遂同意代其起解。

朱元璋在中国历史上以严苛、嗜杀而闻名。郑洧押解南京后，由于朱元璋正在气头上，不经司法部门详细审问，竟下令将人犯全部处死。可是事后查明，郑濂系无辜受累，郑洧属冤屈而死，朱元璋闻知后深感哀痛，可事已至此，不能挽回。朱元璋就下令用白银铸成郑洧头像一尊赐予郑

濂，大礼安葬郑洧，谥号"贞义处士"，并厚赏"郑义门"，以告慰郑氏。

郑洧，曾受业于大儒宋濂，常立志以古人自勉，言诚而信，行和而谨，尊老爱幼，友爱兄弟。其为兄而死的义举，可歌可泣，"郑义门"后人代代铭记其人格，尊他为"银头太公"。

洪武二十六年 (1393 年)，东宫缺少官员，朝廷让人推荐孝悌忠义敦厚者，众人举荐郑家。太祖朱元璋特别诏命"郑义门"三十岁以上的优秀子弟赴京选用。郑幹被选中以备擢用。后来，朱元璋又征召郑濂的弟弟郑沂，不久提拔他为礼部尚书。

"郑义门"九世祖是郑机。永乐年间，他经史部铨选考察，授文林郎，任湖广汉川知县，后又转迁广东仁化里知县。在职期间，他勤政爱民，平定蛮寇，兴修水利，奖励农耕，政绩显著，尤其是对自身严格要求，生活简朴，从不收受下属及百姓的礼物。

在他五十岁生日时，按照风俗习惯，应该祝贺一番。早饭时，夫人征求他的意见，郑机只吩咐买点鱼、肉、豆腐和黄酒，作为生日晚餐。晚餐时，郑机看见桌上摆满了名贵佳肴，大大超过了早上计划的标准，顿时拉下脸面，怒责夫人。面对丈夫的严厉责问，妻子只好吐露真情。原来，有个颇受郑机器重、名叫章玉的典史，得知当日是知

县大人的五十岁生日，说服了知县夫人，自己花钱买来几道好菜，请夫人晚上一并烧来吃。

听完原委，郑机怒气未消，说："俗话说：'拿人家的手短，吃人家的嘴软。'这次既然已经烧好了，不能原物退还，那就退还等价钱两，分文不少。"

次日，郑机叫来章玉认真地说："你的心意我领了，但你的行为将陷我于不义。"

郑机说完，立即掏出银子还给章玉。这真正笃行了《郑氏规范》中"子孙出仕以脏墨者闻，生则于《谱图》削去其名，死则不许入祠堂"的家规家训。

明英宗天顺三年（1459 年），郑义门发生了一场大火灾。大火烧了几天几夜，族人们经营了 300 多年、耗尽家族资本建成的庞大庄园及宏伟祠堂变成了满地的灰烬。经此一劫，"郑义门"才不得不分家。

"郑义门"这个讲孝义、重清廉的家族，在历经数百年合族共聚后，最终完成了自己的历史使命，消失在风云之中。但是，郑义门的精神不会消失，尤其是"国之本在家""家齐而后国治"的道理不会变。这也是中华民族独有的"国家"概念：国是大的家，家是小的国。国与家紧密相连、不可分离。"欲治其国者，先齐其家；欲齐其家者，先修其身。"治国、平天下，先从修身、齐家开始。

　　《诗经》孔颖达疏说："家，承世之辞。""承世"表达了家族"生命"的世代相续，最能体现中国人"生生不息"的精神。比如"愚公移山"，愚公的生命虽然有终结，但他有儿女，儿女又生儿女，一代代不会断绝，子子孙孙无穷尽。这也是中华民族五千年文明不曾中断的重要原因。所以古人所说的家，不是指夫妻之家，那是暂时的小家；家也不是子女之家，那不是父母之家；家也不是世代延续之家。中国传统社会的家，不仅包含家庭，包含家族，还包含代代传承的家族生命。而家族生命传承的不仅是血脉，更是文化精神的延续。江南第一家——郑义门，就是向世人彰显这样一种家族文化，传承的是孝，是悌，是忠，是义，是礼，是让，是和，是勇，是公，是廉……无论哪一个字，都可归结为中国独特的信仰——家族文化中的仁爱、和合、谦让、互助与无私精神。这也是"郑义门"家族数百年来一以贯之的良好家风、家规和承上启下的精神延续，对塑造家族文化、维护社会和谐稳定等都起到了积极的作用，有着深远的历史意义和重大的现实意义。而《郑氏规范》是中国古代最完备的家族自治典范文献，是中国传统家训的重要里程碑，被收入《四库全书》，对当时和后世都产生了重大的影响。

2002 年，江南第一家——郑义门被列为国家重点文物保护单位，又是国家 AAAA 级风景区，也是享誉中外的儒家"家族文化"的一个重要遗址。"江南第一家"景区面积达 10.6 平方公里，大小景点 20 多处。它以独到的古代儒家文化沉积、明清古建筑遗存和山乡风情民俗等特点，成为长江三角洲地区极具特色的山乡古镇之一。

为父报仇，为文化尽忠

黄宗羲

黄梨洲是中国古代民主思想的一个伟大的代表。

张岱年

黄宗羲，明末清初著名经学家、史学家、思想家、地理学家、教育家，其学问渊博，思想深邃，著作宏富，与顾炎武、王夫之并称明末清初三大思想家，与顾炎武、方以智、王夫之、朱舜水合称为"明末清初五大家"，又有"中国思想启蒙之父"之誉。

黄宗羲，字太冲，号梨洲，浙江余姚人，于万历三十八年（1610 年）八月初八，出生在绍兴府一个书香门第。降生前夕，母亲姚氏曾梦见麒麟入怀，所以，黄宗羲乳名"麟儿"。黄宗羲的父亲黄尊素，是东林党人。他正义凛然、不畏权贵，在京担任监察御史期间，多次弹劾魏忠贤，是阉党的眼中钉，因此惹祸上身。

天启六年（1626 年），阉党诬陷黄尊素贪污受贿，将他逮捕入狱。同年，阉党又抓捕高攀龙、周顺昌等六人，时人称他们为"东林七君子"。

作为长子，十六岁的黄宗羲陪父亲赴狱。看着父亲含冤受苦，黄宗羲不忍心。为救父亲一命，他四处奔走，向在京的同乡商贾和父亲的同年求救。然而，黄尊素还是在当年六月被拷打致死，年仅四十三岁。死后五天，他的尸体才被人从监狱中挪出。当时全身已经腐烂，以至于面目无法辨认，极其凄惨。

噩耗传到家中，举家哀恸。黄宗羲的祖父当时还健在，白发人送黑发人，心中悲痛万分。祖父告诫黄宗羲，一定要为父申冤，报仇雪恨，并在他经常路过的地方，写着：你忘记勾践杀死你父吗？

这是历史上有名的故事。因为吴王夫差的父亲被勾践杀了，所以夫差写这句话以资警醒。后来，夫差终于报了父亲的仇。

黄宗羲看见这句话，常常一个人关起房门来痛哭。他又怕他的祖父知道后伤心，因为他是他祖父的一个孝顺孙子。

后来，他的祖父病重。黄宗羲一个人，在大热的夏天，冒着酷暑，到诸暨去买上好的棺材。他一个人跑了几百里路。棺材买回家了，花了重金。

他的祖父看见，心里欢喜得了不得。祖父说："这真是孝顺的孙子，你以后就算做了大官，朝廷追赠我的官职谥号，也是空名罢了。现在买这么好的棺材给我，真是好

你以后就算做了大官，封赐我的官职谥号，也是空名罢了。现在吴这么好的棺材给我，真是实忠的事啊！

事啊！"黄宗羲听了，忍不住掉下眼泪来。

崇祯元年（1628 年），魏忠贤及其同党倒台。十八岁的黄宗羲带上申冤状，行李中暗藏铁锥，入京讼冤。到了北京时，魏忠贤已自杀，但其余党还在，黄宗羲当然不会放过。

五月，刑部提审锦衣卫金事许显纯、崔应元等人，黄

宗羲出庭对证。杀父仇人，就在眼前。黄宗羲义愤填膺，趁旁人不备，疾步上前，迅速抽出藏于袖中的铁锥，奋力向许显纯身上猛刺。主审官员惊呆了，一时都忘了叫人阻拦。

　　昔日威风凛凛的许显纯，顿时被刺得浑身流血，连连求饶，还辩解说自己是隆庆帝孝定皇后的外甥，应该从宽处理。

黄宗羲当即驳斥："许显纯和魏忠贤狼狈为奸，残害忠良，已经是谋反之罪。前朝朱高煦、朱宸濠等都是亲王，造反了照样要受刑。何况许显纯，不过是个外戚！你害死我父及很多忠臣，造成冤狱，铁证如山，还敢狡辩！"

黄宗羲手持锥子，发疯一样再次向许显纯身上猛刺。许显纯被刺得放声号叫，疼得满地打滚。

在众目睽睽之下，在严肃的刑部大堂里，无论是主审官员还是陪审人员，大家都像看戏一样看着眼前的这一幕。黄宗羲咬牙切齿地不停地挥舞着锥子，许显纯痛苦地哀嚎着，不停在地上翻滚，血流如注。终于，有人明白过来。黄宗羲下了死手，许显纯很可能被当场扎死，这要出人命！于是奄奄一息、鲜血直流的许显纯被拖到一旁，眼中万分恐惧。这个昔日不可一世的恶魔，用钉子钉别人脑袋时，绝对没想到他也有今日。此时，他不过是一个懦弱的可怜虫。

黄宗羲被刑部人员拼命拉开，他的锥子被大堂上的执法人员没收。处于亢奋状态的黄宗羲没有善罢甘休，他又把目光投向另一个杀父仇人——崔应元。一个箭步，黄宗羲将崔应元抓住，将其摔倒，一阵暴揍，接着又迅速拔光了崔应元的胡须。刑部大堂上，再次传来猪号一样的叫声……

当天深夜，黄宗羲正在灯下看书，只见一个人影闪了进来，对黄宗羲说："我是你父昔日同僚，也是李实之友。他家托我带三千两黄金给你，以补偿当日诬害你父的罪过，只望你勿再追究李实之罪。"说完，那人把一堆黄金放在了黄宗羲的书案上。黄宗羲愤怒地说："这三千两黄金，能买屈死的冤魂吗？能买国泰民安吗？李实罪有应得，想要免罪，休想！"

他立即把黄金扔出门外。然后，黄宗羲奋笔疾书，把当晚之事写了一本奏章，向朝廷揭露罪犯李实又欲施贿赂之罪。

几日后，刑部审讯李实。一旁的黄宗羲又掏出铁锥，被刑部人员快速阻拦，李实被吓得赶紧招供。最终，许显纯、崔应元、李实等人都依法伏诛。黄尊素沉冤昭雪，大

仇得报。

黄宗羲为父报仇、暴打奸佞、大闹刑部衙门的壮举迅速传遍全国，一时被天下人传唱，人称他为"姚江黄孝子"。

崇祯皇帝听说此事后，感慨万千地说："黄宗羲真是忠臣孤子！"他特意下旨，追封黄尊素为太仆寺卿、忠端公。

在为父亲报仇之后，黄宗羲曾参加过科举考试，可惜没考中。不过，作为忠臣之后，他有着较高的知名度，很多名士也乐意提携他。黄宗羲先是加入晚明最大的政治社团——复社，又遵照父亲的遗命，拜大儒刘宗周为师。

崇祯十七年（1644 年），明朝灭亡，清军入主中原。黄宗羲义无反顾地和老师刘宗周一起加入在南京成立的南明朝廷，准备复兴大明故土。但此时，掌握南明朝廷权力的是阮大铖，他一心排除异己，诛杀忠义之士。之后他又编成《蝗蝻录》，诬蔑东林党为蝗、复社为蝻，据《留都防乱公揭》署名，将黄宗羲等人捕入狱中。

顺治二年（1645 年）五月，清军攻下南京，弘光政权覆灭，黄宗羲乘乱脱身返回余姚。杭州失守后，钱肃乐、张煌言等在浙东兴义兵，拥护鲁王朱以海在绍兴建立新的南明政府。

正在家乡的黄宗羲大受鼓动，和弟弟黄宗炎一起，变卖全部家产，招募义兵六百余人，建立"世忠营"，一起加入鲁王政权。一开始，浙东义军众志成城，凭借士气和地利，让清军占不到便宜。可惜好景不长，适逢钱塘江大旱，清军趁机进攻。浙东失守，鲁王逃到闽浙沿海。

　　顺治三年（1646 年），黄宗羲率领残兵进入四明山，安营扎寨。此时，他手下不过几百人，可是仍然坚信，星火终将燎原。后来，他打听到鲁王的消息，前去朝见。鲁王流亡闽浙之间，长期在海上漂流，哪里还有心思反攻清军。

黄宗羲的计划被搁置。不出两年，鲁王政权瓦解。黄宗羲被清廷多次追捕，只好隐匿于浙江一带。一家人流离失所，日子过得异常艰难，仅顺治十二年、十三年两年间，他的长子、二儿媳和孙子就相继离世。他的弟弟宗炎也两次被捕入狱，几乎丧命。

顺治十八年（1661年），各地抗清运动进入尾声。南明最后一个政权也宣告覆灭，永历帝朱由榔被缅甸人擒获，献给清廷，次年被杀。年过半百的黄宗羲也结束了他的"游侠"生涯，留在家乡的化安山"龙虎草堂"读书著述。

黄宗羲晚年从事学术文化活动，不被人理解，内心十分痛苦。他认为武力推翻清政府已经不可能，那么，只能忠于文化的坚守。他深刻总结亡国之教训，反省晚明政治、军事、教育、学术等，欲彻底改造中国文化。正如顾炎武所说："有亡国，有亡天下。亡国与亡天下奚辨？曰：易姓改号，谓之亡国；仁义充塞而至于率兽食人，人将相食，谓之亡天下……是故知保天下，然后知保其国。保国者，其君其臣肉食者谋之；保天下者，匹夫之贱，与有责焉耳矣。"

黄宗羲的思想和行为是孤独的，他主张学问经世致用，反对功名利禄之学。他在讲学的时候，每次都把"四书""五经"用作讲义。司仪的人，手捧讲义，向大家宣读。后来再由大家随便质问，黄宗羲向他们解释。他对大家说："什么是学问呢？学问一定是自己用得着的东西才对。如果只在文学上做功夫，附会一些先生的言论，那么，圣经贤传的研究，不但不能增长学问，并且成了迷糊心窍的东西了。这真像朱子说的：'譬如烛笼，添得一条骨子，就障了一路光明了。这有什么用处？'"

可是当时懂得他的学问的人并不多。然而，这是一条自己选择的道路，尽管道路艰险，也得继续走下去。

黄宗羲嗜好藏书，喜欢抄书、借书。读遍家中所有藏书，仍嫌不足，借抄于范钦"天一阁"、曹溶"倦圃"、徐乾学"传是楼"、钱谦益"绛云楼"、祁氏"澹生堂"、钮氏"世学楼"等藏书楼之书。访求足迹几乎遍及长江以南所有著名藏书家。后来祁氏"澹生堂"藏书散出，精华亦大半归于他。黄宗羲撰写的《天一阁藏书记》《传是楼藏书记》等，是研究明清私人藏书文化的重要史料，也是他藏书思想的核心体现。

康熙素闻黄宗羲之名，多次召他当官，都被坚定回绝。

为表心志，黄宗羲干脆在父亲的墓边自建墓穴，决心以死抗旨。不久，康熙果然又召黄宗羲主持纂修《明史》。钦差鸣锣开道到了黄家，却只见黄宗羲的儿子黄百家披麻戴孝出来迎接，对钦差说："家父前日已辞世。"钦差无法，只得回京复旨。待钦差走后，黄宗羲就从墓穴中出来，继续著书立说。

黄宗羲一生著述多至五十余种，三百多卷，其中代表著作有《明儒学案》《宋元学案》《孟子师说》等。黄宗羲通过研究发现，历史上的税费改革不止一次，但每次税费改革后，农民负担在下降一段时间后又涨到一个比改革前更高的水平。黄宗羲称之为"积累莫返之害"，这一现象后被学术界称为"黄宗羲定律"。

康熙二年（1663 年），黄宗羲最有代表性、原创性的作品——《明夷待访录》成书。该书计有论文二十一篇，是一部深刻批判君主专制、呼唤民主政体的伟大著作，《明夷待访录》也奠定了黄宗羲作为中国明清之际伟大启蒙思想家的历史地位。特别是《原君》《原臣》《原法》《学校》等篇，是该书之核心。

《原君》篇批判现实社会之为君者"以我之大私为天下之大公"，实乃"为天下之大害"。从本质上来说："臣之与君，名异而实同"，都是共同治理天下的人。因此，君主就不应该高高在上，有处处独尊的地位。君主应该尽自己应尽的责任，即为天下兴利除害。否则就该逊位让贤。

《原臣》篇指出，臣之责任，乃"为天下，非为君也；为万民，非为一姓也"。为臣者，应该明确自己是君之师友，而不是其仆妾，如果认为臣是为君而设的，只"以君一身一姓起见"，"视天下人民为人君囊中之私物"，自己的职责只在于给君主当好看家狗，而置"斯民之水火"于不顾，那么，这样的人即使"能辅君而兴，从君而亡，其于臣道固未尝不背也"，是不值得肯定的。因为"天下之治乱，不在一姓之兴亡，而在万民之忧乐"。

《原法》篇批评国家之法，乃"一家之法，而非天下之法"。黄宗羲又以"托古改制"的笔法，肯定"三代之法"是"天下之法"，而批评三代以下之"法"为帝王"一家之法"，是"非法之法"，主张用"天下之法"取代"一家之法"，并提出了"有治法而后有治人"的思想命题。这些思想主张，已经明确地提出了天下是人民之天下、应由人民共同治理的民治思想，包含了以万民之公法治理天下的法治思想。

《学校》篇主张扩大学校的社会功能，使之有议政参政、监督政府的作用，"天子之所是未必是，天子之所非未必非，天子亦遂不敢自为是非，而公其是非于学校""必使治天下之具，皆出于学校，而后设学校之意始备"。黄宗羲设想的学校，是独立于政府之外，是道统高于政统的，类似于近代社会舆论中心和西方民主国家议会的机构。

《明夷待访录》是一部跨时代的具有民主思想的著作，比卢梭的《民约论》还要早100年，并且这种思想并非受西方文明的影响，而是从中国传统文化中衍生并发展出来的，因而更加可贵，所以有人称它为"中国的《人权宣言》"。该书中反对君主专制、主张民权等思想，对清末的维新变法运动产生了巨大影响，从"梁启超、谭嗣同辈倡民权共和之说"，到辛亥革命时期的孙中山、邹容、陈天华等爱国志士，无不受该书思想影响。

康熙三十四年（1695年），一代孝子黄宗羲病逝，享年八十六岁。家人们按照他的遗嘱，于其逝世后次日早晨，将遗体安放在石床上，白衣散发，不用棺椁，不加被褥，纸幡、纸钱等一概不用，就这样封闭墓室。黄宗羲在临终前四

天还给孙女婿万承勋的信中写道："年纪到此可死；自反平生虽无善状，亦无恶状，可死；于先人未了，亦稍稍无歉，可死；一生著述未必尽传，自料亦不下古之名家，可死。如此四可死，死真无苦矣。"

　　少年做刺客为父报仇，中年入军旅奔赴国难，晚年专

心学术，成为一代宗师，死后不顾非议坚持裸葬——黄宗
羲以常人难以想象的方式走完了自己波澜壮阔的一生。黄
宗羲博学多才，尤其在史学上成就巨大，在哲学和政治思
想方面，更是一位从"民本"的立场来抨击君主专制制
度者，堪称是中国思想启蒙第一人。特别是他的批判求
实精神及力主改革的理论勇气，体现了中国传统知识分
子"士志于道""天下兴亡，匹夫有责"的人文精神和历史
使命。

马叙伦先生称道黄宗羲是秦以后两千年间"人格完全，
可称无憾者"的少数先觉者之一。这是对黄宗羲最好的礼
赞，也是他孝义一生的完美诠释。

泣血百诗献慈母

郑珍

清诗三百年，
王气在夜郎。

钱仲联

绝代经巢第一流，乡人往往讳蛮诹。

君看缥缈綦江路，万马如龙出贵州。

这首诗是清代大儒赵熙在读了晚清诗人郑珍的《巢经巢诗钞》后而作，充分表达了他对郑珍才情的无限赞叹和敬佩。那么，郑珍又是一个怎样的人物呢？

郑珍，字子尹，晚号柴翁、子午山孩、巢经巢主，晚清著名诗人，宋诗派代表人物，又以经学驰名，被称为"西南巨儒"。张裕钊在《国朝三家诗钞》中，将郑珍和施闰章、姚鼐并列为清代三大诗人。郑珍与莫友芝共同编纂了《遵义府志》，时人评论该书可与《水经注》《华阳国志》相匹敌，被梁启超誉为"天下第一府志"。今天"遵义会议会址"坐落的子尹路，就是以他的字命名的。

郑珍生于清嘉庆十一年，贵州遵义人，小时候异常聪明，五岁便由祖父开蒙课，被人赞为神童。

郑珍生于清嘉庆十一年（1806 年），贵州遵义人，小时候异常聪明，五岁便由祖父开蒙，被人赞为神童。他的诗句"时时摘花惹僧骂，官长每以神童骄"就是对少年时的追忆。

郑珍的母亲黎氏，出生于书香门第，郑珍外祖父是举人，郑珍的舅舅黎雪楼是进士。黎氏嫁到郑家后，虽然生活贫穷，物资匮乏，但始终坦然对待、安然处之，相夫教

子，从无怨言。特别是对于子女的教育，黎氏可谓尽心尽力，从不懈怠。用郑珍自己的话来说："珍无我母，将无以至今日。"他的话，绝不是儿子对母亲的一般称颂。

郑母非常重视教育，从大的方面要郑珍尽忠尽孝，从小的方面如何与邻里和睦相处，包括做人的方方面面，给了他全面、正确的教育观。不少地方，郑母还以自己的行为实行言传身教，对郑珍一生影响极深。

当时，郑珍的家在天旺里一带，社会风气十分恶劣，赌博、玩鸟、讹诈、酗酒、斗殴、闹事成风。这样恶劣的环境，郑母认为对子女的成长极为不利，甚至会祸及子孙，所以她萌发了迁居的念头。再加上郑父为人老实，郑姓族人中有一个狡黠的人，诱惑郑父借了他几两银子，事后却多方回避不让郑父偿还，企图超期后使之变成还不清的"驴打滚"，以便谋取郑家家产。

郑珍的母亲因此愤然说："他垂涎我家的田园、房屋是很久的事了，为什么要让子孙殉葬于此，并让先人成为饿鬼呢？"于是，郑母决心迁居良好的环境中。

嘉庆二十四年 (1819 年)，郑家迁到了遵义东乡乐安里，在郑珍外祖父家附近的尧湾租房居住，当时郑珍十四岁。

郑母对儿子的教育要求极严。郑珍就读于学馆时，一天放学回家，天尚早，他的母亲就带他到田坎上去种豆。休息时母亲见他坐着无聊，就问他："为什么不拿出书来读呢？"

郑珍回答说："这里没读书的地方呀！"母亲告诉他："如果想读书，何处不可以呢？树荫下、屋檐角、车马上，这些地方都可以读书的啊！"母亲又用略带责备的口气说："如果一定要窗明几净，且无任何事来打扰才可读书，你还没那福气。何况，真正的读书人也不是那样子的。"

郑母的话里含着真知灼见。郑珍幼时家贫，如果过分强调读书的外部条件，郑珍能否成才就很难说了。在与邻里相处及善待弱者时，郑母的教导更显出了一种慈母气派

和慈悲情怀。

她教导郑珍说："与亲戚朋友相处，如果没有很大的仇恨，就应当委曲求全，不要为了一点点小事就互相撕破了脸皮。试想，人活一辈子，与你相邻居住或经常往来的，能够有几家呢？如果因为一点鸡毛蒜皮的小事就断绝一家的往来，那么有多少亲戚邻里够得上几年断绝？有一年，我种了一架瓜，刚一成熟就被邻居摘去了。那一年，那家人并没有种瓜。有一天我去他家，看见灶头上放有几个瓜。那家人见我看见了瓜，不自在起来。我忙说，你买的这些瓜比我种的瓜大多了，颜色也不错，可不可以送给我做种子，明年种呢？回家后，我舀了些米去他家换。这样一来，我们两家就照样来往。当时我如果说这是我的瓜，他不仅不承认，还要徒添不少口舌纠纷，以致形同陌路。如果为这么一点点小事就断了一辈子的来往，不是很不值得吗？所以古话说：吃得亏，住一堆。"

　　有一天，一个满脸污垢、衣服破烂的乞丐到村里讨饭，郑珍和几个小朋友围着这个乞丐看笑话。母亲看到后非常生气，就把他拉回家中一顿责骂，并告诉郑珍："以后不准再取笑乞丐。乞丐虽然贫穷到讨饭的地步，但也是有尊严的。我们应该怜悯他，如果富裕就多给他一点，如果不富裕就少给人家一点，即使像我们这样的贫穷之人，给人家个好脸色，难道不可以吗？为什么要看人家的笑话呢？"

教育完郑珍后，母亲又取了些饭菜，让他恭敬地送给乞丐。

　　郑珍就是在这样一位仁爱、宽厚、大度、重情的母亲悉心培养下，慢慢成长，所以他日后也是一位宅心仁厚、重情重义的人，特别是他的孝行，在乡里更是闻名。

　　郑珍十七岁时补县学秀才。这时的他已经才华横溢，文思泉涌，意气风发，他后来在诗中自述："我年十七岁，逸气摩空蟠。读书扫俗说，下笔如奔川。"此后不久，郑珍就以优异的成绩中举，可以入京参加考试了。

可惜，郑珍在参加科举会试时，道路并不顺利。从二十一岁开始，他多次赴省或入京参加考试，历尽艰辛，直到三十九岁最后一次赴京考试，依然没有考中。因此，他大病一场，决定从此不再科举求官，一心只做学问。

郑珍在二十五岁时，郑母身患重病，几乎不起。请来的医生一个个束手无策。郑珍忧心如焚。他对母亲的感情至深，无法言表。于是，万般无奈的郑珍悄悄地用竹签刺破手指，用血书给文昌帝君写了一封祈祷书：祈愿自己减少十年阳寿，让母亲增加十年寿命。

当时的民间有这种"借寿让寿"的习俗，是否灵验无法考证。但奇迹确实发生了。不久，郑母疾病日日见轻，慢慢好转。一时间，乡人纷纷称赞，郑珍孝心感动神灵了！《论语》上说："父母之年，不可不知，一则以喜，一

则以惧。"

　　郑珍母亲大病一场后，让他体悟到"子欲孝而亲不待"的紧迫感。所以，郑珍此后就很少出远门，他尽量陪在父母及家人身边，读书、种地、写诗、作文，享受这平淡而有情味的日子。他在《山中杂诗》中这样写道：

绿树成阴尽手栽，量枝数叶日徘徊。

夜深屡下风婆拜，为有萱花一朵开。

萱花就是指他的母亲。他每天深夜在清风明月下祭拜，只愿母亲幸福安康、快乐长寿，这就是他最美好的愿望。母亲在，家园在，岁月好。如此，生活静美。

不久，郑珍又为母亲作《山中杂诗》一首：

万事无心早闭关，慈云依映懒云闲。

梦中悔送朝晖过，守着斜阳尚山满。

郑珍别无他志，此心已如老僧闭关。慈母如云，庇护着我这朵不愿出游的懒云。时光如梭，梦绕魂牵，只要母亲康健，就守着这余晖，山高日满。

一年后，郑母右臂出现麻木症状。郑珍遍寻药方，求医无数，没有疗效。次年，郑母左臂也出现这个病症。郑珍

日夜忧虑，不能安宁。于是，他决定自己查遍所有医书，终于在《千金方》中寻到一个方子，其描述与母亲的症状非常相似。他欣喜若狂，立即用"益母草"熬成膏药，贴在母亲的手臂上。

敷贴一段时间后，母亲的病症居然见轻了。为了感恩孙思邈，于是他许下愿心，每年的五月一日，设供品祭祀孙思邈，直到母亲百年以后才停止祭祀。为此，他在《五月一日祀唐孙华原先生》诗中说："生儿不得力，精血就衰殄。去岁右臂枯，床褥哀转辗。今年左复尔，筋骨痛如剗。仰天呼以泣，无术效含吮。惟此孙夫子，仁思动缱绻……誓母百岁后，始废公一献。"

子游问孝，子曰："今之孝者，是谓能养。至于犬马，皆能有养。不敬，何以别乎？"郑珍之孝，于此可见其虔诚恭敬之心。在郑珍这样的精心护理下，母亲的病又一次康复了。

月有阴晴圆缺，人有生老病死。十年后，即道光二十

年（1840年）三月初八，郑母病逝，享年六十五岁。郑珍将母亲葬于家乡的子午山下。自此，他自号"子午山孩"。

郑珍是乡里有名的孝子，母亲又是他的精神支柱。所以失去母亲的郑珍，如万箭穿心，整日悲痛不已。但他强忍伤痛，开始撰写《母教录》，以怀念母亲的德行，包括母亲为人处世之道及教育思想。

郑珍编撰的《母教录》共六十八条，记载郑母很多言行事迹。母亲说："坏事总不可做过一次。人未做坏事时，全都明白不好，不唯自己不做，还得劝别人。若做了一次，便觉得如此也不妨，往后越做越有味，竟以为好事了。明明已是不孝、不悌、不仁、不义，他还说出许多道理、许多缘故来，竟是合该如此一般。所以但凡一切坏事，只拿定主见，宁忍耐着莫去试手。俗话说：'一回是徒弟，二回是师傅。'为善容易回头，为恶能回头者，十人中没有看见其中一人。"

母亲说："兄弟姒娌相处，常想若父母公婆只我一人，我未必不事事要做，就没有不和睦之理。又常想若遇兄弟姒娌，或有病，或残疾，我未必不饮食之，扶持之，今尚能帮助我一二，更无不和睦之理。"

郑珍说："母亲年老体衰，劳役之事让他人代做即可，日常呼唤几位老妇人玩牌为乐，难道不好吗？"母亲说："我浇锄园圃，日日见其美茂；饲鸡养猪，日日见其肥泽。

快乐而不疲劳。我平生不喜欢看人玩牌，岂能老时作此游戏。并且老人若玩此为乐，小儿辈必从旁学习，久之必用心于此。这不是为乐，乃是忧患的开端。"

道光十二年（1832 年）春天，有书商来卖书。其中有《礼》书数种，郑珍急欲购读，讲好三两银子的书价，但钱却无法筹集，只好放弃。母亲得知后说："他能欠账吗？"郑珍说："卖书的人虽然春天卖书，夏天收账，但到时我们仍然没有钱。"母亲说："只要到那时收钱，将我的珠玉耳饰卖一只就足够书账了，另外的一只耳饰仍然可以加工变成两小只。"于是，郑珍得到了这几种书。后来，母亲遍翻《三礼》书上画的众多礼器图，欢快地笑说："没想到我一只小耳饰，竟然换得这么多礼器。"

父母在世，观其言。父母去世，观其行。多年不改变父母的善行，才称得上孝啊！郑珍不仅将母亲生前嘉言懿行彰显于世，并且铭记在心。自己的一言一行，莫不以此警励。并且因郑珍辑录之功，使《母教录》流传天下，《清

史稿·列女传》将郑母黎氏列入，青史留名，可谓孝中之大者。

　　道光二十二年（1842 年），丧礼守制三年结束。郑珍决定在母亲墓旁建造白木房一栋，取名望山堂。七个月后，木屋建成，郑珍搬入，又为母守墓多年，并恢复写诗。

　　母亲离世已经三年。三年不写诗，笔已经生疏了。郑珍回想从前母亲坐在门口桂树下的石凳上，看着自己远行的情景，不觉又哽咽起来。一会儿他又恨起这桂树。母亲已去，独留这桂树岂不更可怜。于是他在诗中说：

丁酉以还食于郡，八十里岁八九旋。

一回别母一回送，桂之树下坐石弦。

度溪越陌两不见，母归入竹儿登篯。

此景何时是绝笔，十月初四己亥年。

嗟嗟乎，桂之树，吾欲祝尔旦暮死，使我茫无旧迹更可怜。

又一日，郑珍经过山下的竹林，那是母亲当年亲手所栽，如今竹子已经有碗口大了。睹物思人，可母亲在哪里呢？于是他再写诗怀念：

我母求道难，人有不如己。又厌此角空，过者见表里。手植数十科，年年顾而喜。谓笋岁增大，再蓄尽堪恃。今

日看成林，吾母长去矣。

竹林成溪，慈母远去，不亦悲哉。

就这样，郑珍在墓前，日日夜夜陪伴着母亲。春天来了，桃花开了，溪水潺潺，他写上一首诗去纪念母亲。秋天来了，大雁南飞，落叶纷纷，他写上一首诗去悼念母亲。因母亲生前爱竹，他就在墓前的白屋旁也种几排竹子，又因母亲生前爱养鸡，他就在屋前也养几只小鸡。夜晚，他听到风吹竹叶、飒飒作响的声音，开始思念母亲，于是他写上一篇祭文。白天，他看到老母鸡领着小鸡在草丛中觅食的神态，他又想起自己年幼时，母亲常常一边纺织，一边督促自己挑灯夜读，经常到四更天，想起"以我三句两句书，累母四更五更守"的情景，于是他又写诗悼念。

日复一日，年复一年，郑珍在母亲的墓前陪伴着、思念着、期待着，回忆着母亲的点点滴滴。儿时的叮咛、童年的趣事，成长的烦恼，以及家境的贫寒，母亲的种种艰辛，都成为他甜蜜的回忆。那坟，成为他心中最美丽的桃花源。

多年后，郑珍离开家乡，先后主持启秀书院、湘川书院。郑知同、黎庶昌、莫庭芝等著名才俊都是他的弟子，郑珍为贵州培养了大批人才。

郑珍为子则孝，对人则慈，尤其他到各处教学，看到很多地方的贪官污吏欺压民众，老百姓苦不堪言，这常常

让他牵肠挂肚，哀叹不已，如他的诗作《捕豺行》《六月
二十晨雨大降》《经死哀》等诗真实地反映了这些历史：

> 虎卒未去虎隶来，催纳捐欠声如雷。
> 雷声不住哭声起，走报其翁已经死。

长官切齿目怒嗔:"吾不要命只要银!

若图作鬼即宽减,恐此一县无生人!"

促呼捉子来,且与杖一百。

陷父不义罪何极,欲解父悬速足陌。

呜呼!北城卖屋虫出户,西城又报缢三五!

官吏的强暴、剥削和压迫,让人触目惊心,愤恨不已。另外,他的诗还生动地描绘了祖国的山川秀色、田园美景,如《白水瀑布》诗,即今日闻名中外的贵州黄果树瀑布,令人如临其境之感。

断岩千尺无去处,银河欲转上天去。

水仙大笑且莫莫,恰好借渠写吾乐。

九龙浴佛雪照天,五剑挂壁霜冰山。

美人乳花玉胸滑,神女佩带珠囊翻。

文章之妙避直露,自半以下成霏烟。

银红堕影饮鲢鳘，天马无声下神渊。

沫尘破散汤沸鼎，潭日荡漾金镕盘。

白水瀑布信奇绝，占断黔中山水窟。

世无苏李两谪仙，江月海风谁解说。

春风吹上观瀑亭，高岩深谷恍曾经。

手抱清泠洗凡耳，所不同心如白水。

郑珍晚年，为避兵祸，举家迁到桐梓魁岩站杨家河畔。他恋恋不舍地离开子午山下的父母茔地，离开了那个白木屋和自己心中的桃花源。

同治三年（1864 年），五十九岁的郑珍已经走到生命的尽头。他终日被疾病缠绕。可即使如此，他也没有减弱对父母的思念。这年正月初二，他拄着拐杖，拖着病体，来祭扫父母之墓，因为从谷雨到清明，自己一直生病而来迟，所以他感到特别惭愧，他希望父母原谅。于是他在扫墓后就作下这首《上冢七绝句》：

正月二日见先茔，病经谷雨俄清明。

携家上冢休言晚，地下犹怜病子行。

　　是年九月十七日，一代孝子郑珍病逝，葬于子午山父母茔旁，真正成为了"子午山孩"，也完成"阿母亦知我，

他恋恋不舍地离开子午山下父母茔地，离开了那个白木屋和自己心中的桃花源。

终祖竹溪侧。遗言勿葬远，要长见儿息"的愿望。慈母遗言，孝子相依，天地为舞，生死不离。

钱穆先生说："在清诗中我最喜欢郑子尹。他是贵州遵义人，并没做高官，一生多住在家乡。他的伟大处，在他的情味上。他是一孝子，他在母亲坟上筑了一园，一天到晚，诗中念念不忘他母亲。他诗学韩昌黎。韩诗佶屈聱牙，可是在子尹诗中，能流露出他极真挚的性情来。尤其是到了四五十岁，还是永远不忘他母亲。诗中有人，其人又是性情中人，像那样的诗也就极难得了。"唯有真性情，方成大诗人，方可为孝子。

郑珍治学以"三礼"为主，兼《说文解字》，旁及群经子史，著述三十多种。其中《说文逸字》三卷、《说文新附考》六卷，学界公认该著作为清代同类著作中学术水平最高的著作。《巢经巢诗钞》问世以来，郑珍之诗风闻天下，好评如潮。诗集中大量山水诗，将奇峭瑰丽、诡幻多姿的黔中风景，以一支出神诗笔，描摹出令人叹为观止的画卷。

同治年间，文学家吴敏树评论说："子尹诗笔横绝一代，似为本朝人所无。"曾国藩也首肯其说。甚至很多人推崇郑诗为"清代第一"。《清史稿·儒林》中有"郑珍传"收录，被誉为西南巨儒。

孔子说："孝子侍奉父母亲，日常居家时，处处都应对父母恭敬；奉养父母时，应让父母欢心；父母生病时，应忧虑父母的病情；父母去世时，应尽到哀伤；祭祀父母时，应庄严敬肃。以上五点都能完备，才真正做到侍奉双亲。"郑子尹一生无愧矣！

光影里的红船

影的
红船

本书编写组 编

浙江摄影出版社
全国百佳图书出版单位

全国优秀出版社
浙江少年儿童出版社

责任编辑：张　宇　陈　一
装帧设计：巢倩慧
责任校对：高余朵
责任印制：陈震宇

图书在版编目（CIP）数据

光影里的红船 / 本书编写组编. -- 杭州：浙江摄
影出版社：浙江少年儿童出版社，2025．6． -- ISBN
978-7-5514-5412-4

Ⅰ．H194.5

中国国家版本馆CIP数据核字第2025BY1211号

GUANGYING LI DE HONGCHUAN

光影里的红船

本书编写组　编

浙江摄影出版社
浙江少年儿童出版社　出版发行

地址：杭州市环城北路177号
邮编：310005
电话：0571-85151082
网址：www.photo.zjcb.com
制版：浙江新华图文制作有限公司
印刷：浙江新华印刷技术有限公司
开本：880mm×1230mm　1/32
印张：10.375
字数：200千字
2025年6月第1版　2025年6月第1次印刷
ISBN 978-7-5514-5412-4
定价：39.80元